EDITION SIRIUS

Haben wir Willensfreiheit? Dies ist eine hochbrisante Frage, die zur Zeit in den verschiedensten Disziplinen von der Neurobiologie über die Psychologie und Philosophie bis hin zur Jurisprudenz überaus kontrovers diskutiert wird.

Die international renommierten Neurobiologen Hans H. Kornhuber und Lüder Deecke brachten 1964/65 mit ihrer Entdeckung des Bereitschaftspotentials das Thema Wille überhaupt erst wieder in die wissenschaftliche Diskussion zurück. Mit diesem Buch legen sie den multidisziplinär fundierten Versuch vor, eine neurobiologisch, psychologisch und philosophisch-kulturtheoretisch begründete Freiheitstheorie mit einer Willenstheorie der „vernünftigen Selbstführung" zu verbinden.

Auf profunder Kenntnisgrundlage ‚transversal' argumentierend, stellen sie sich dezidiert gegen die den Willens-Diskurs der letzten Jahre prägenden reduktionistischen Positionen, die eine völlige Determiniertheit, also Unfreiheit des Willens behaupten.

Der Wille des Menschen, so die Autoren, ist eben keine Automatik der Hirnphysiologie, sondern entsteht kulturell geprägt durch Lernen, eigene Initiative und Besinnung auf sich selbst. Im Willen und seiner Wirkung auf das Denken und Handeln sind Kreativität und Freiheit begründet.

Hans Helmut Kornhuber, Dr. med. Dr. h.c., geb. 1928, ist Prof. em. für Neurologie der Universität Ulm.

Lüder Deecke, Dr. med. Dr. h.c., geb. 1938, ist Prof. em. für Neurologie der Universität Wien.

Hans Helmut Kornhuber / Lüder Deecke

Wille und Gehirn

EDITION SIRIUS

Bielefeld und Basel
2009

Umschlaggestaltung unter Verwendung
einer Fotografie von Hans Haessig (Basel).

Bibliographische Information Der Deutschen Nationalbibliothek

Die Deutsche Nationalbibliothek verzeichnet diese Publikation in der Deutschen Nationalbibliographie; detaillierte bibliographische Daten sind im Internet über http://dnb.ddb.de abrufbar.

2., überarbeitete Auflage

im AISTHESIS VERLAG
Postfach 10 04 27, D-33504 Bielefeld
Bläsiring 136, CH-4057 Basel
Satz: Germano Wallmann, www.geisterwort.de
Druck: docupoint GmbH, Magdeburg

ISBN 978-3-89528-628-5
www.edition-sirius.de
www.aisthesis.de

Inhalt

Key words

will – volition – motivation – intention – freedom – free will – self-regulation – brain – consciousness – humanity – executive functions – Bereitschaftspotential – frontal lobe – limbic system

Vorwort

Der Begriff des Willens und verwandte Begriffe wie Selbstkontrolle, Intention usw. verschwanden zwischen 1945 und 1965 vollständig aus der psychologischen Literatur. Auch die Neurophysiologie untersuchte den Menschen bis 1965 als ein passives System: Man gab sensorische Reize und leitete die dadurch evozierten Hirnpotentiale ab. Die Autoren dieses Buches haben seit 1964 nach Zeichen von aktivem Willen im Gehirn gesucht, sie fanden das Bereitschaftspotential und weiter die Frontalhirnaktivität bei Lernanstrengung und das Delegieren von Aufgaben an andere Hirnteile. Diese Entdeckungen, die auf großes Interesse in der Wissenschaft und Philosophie stießen, gaben Psychologen wieder Mut, Willen zu untersuchen; die Zahl von Veröffentlichungen darüber stieg wieder an, und am Ende des zwanzigsten Jahrhunderts wiesen Pädagogen und Juristen auf die Bedeutung der Willensbildung für die Erziehung und den Zusammenhalt in der Gesellschaft hin, u.a. für die Ausbildungs- und Teamfähigkeit und die Kriminal-Prävention.

In dieser Situation besserer Einsicht meldeten sich jüngst jedoch Stimmen aus der Neurobiologie, die Willensunfähigkeit und Nichtverantwortlichkeit des Menschen behaupteten, und erstaunlicherweise griffen einige sensationsbedürftige Medien diese Behauptungen auf. Das war die Herausforderung, dieses Buch zu schreiben; denn diese Stimmen irren, ihre Argumente sind unhaltbar. In der Tat brauchen wir nicht weniger, sondern mehr Verantwortungsbewusstsein, wenn wir die vor uns liegenden Aufgaben lösen wollen.

Unsere Entdeckungen waren kein Zufall, wir haben nach Korrelationen des Willens im Gehirn gesucht. Der ältere von uns (HHK) kannte aus Erfahrung in langer Kriegsgefangenschaft die Bedeutung von Freiheit und Willen; er hatte darüber geschrieben und seit 1961 Vorlesungen gehalten, durch die auch Lüder Deecke (LD) zu dem Thema kam. Anders als seine Lehrer *Karl Jaspers* und *Kurt Schneider*, die zwar beide an Willensfreiheit glaubten, sie aber, als Kantianer, für unerkennbar hielten, sah HHK, dass diese Freiheit natürliche Grundlagen hat und man folglich Menschen helfen kann, freier zu werden – wenigstens hinsichtlich der Voraussetzungen vernünftiger Willensfähigkeit. Wir helfen z.B. durch Arznei zur Befreiung von Depression und Wahn; wir verhüten wenn nötig Schwachsinn (Cretinismus) durch Schilddrüsenhormon bei Neugeborenen. Wir vermeiden Schlaganfälle mit Lähmung, Sprachverlust und Demenz durch Behandlung von Bluthochdruck, und wir fördern die Freiheitsfähigkeit durch Bildung und sittliche Erziehung.

Die experimentellen Grundlagen dieses Buches wurden von uns beiden erarbeitet, seit LD 1964 Doktorand bei HHK in Freiburg und später sein Assistent und Oberarzt in Ulm wurde, schließlich Professor in Wien. Der Autor des vorliegenden Textes ist HHK.

Wir gedenken bei dieser Gelegenheit mit Dank des großen Neuropsychologen des Willens, *Karl Kleist*, der großen Psychopathologen *Karl Jaspers* und *Kurt Schneider*, der genialen Kybernetiker *Erich von Holst* und *Karl Steinbuch*, des kreativen Erfinders des Gegentaktverstärkers und Konstrukteurs des EEG-Gerätes, *Jan Friedrich Tönnies*, des hervorragenden Freiburger Neurologen, *Richard Jung*, unserer Freunde, der großen Neurophysiologen *John C. Eccles*, *Otto Creutzfeldt*, *Vernon B. Mountcastle*, *Ainsly Iggo* und des Psychotherapeuten *Viktor E. Frankl* sowie unserer Mitarbeiter *Peter Scheid, John M. Fredrickson, Peter Potthoff, Hans-Peter Richter, Doris Bechinger, Jürgen Aschoff, Bastian Conrad, Wolfgang Becker, Jin-Soo Kim, Bernhard Widder, Claus W. Wallesch, Berta Grözinger, Ottomar Hoehne, Katsuhiko Iwase, Tamio Kamei, Rumyana Kristeva, Rosl Riebler, Jürgen Kriebel, Anselm, Johannes* und *Malte Kornhuber, Michael* und *Wilfried Lang, Herbert Schreiber, Klaus Peter Westphal, Reinhart Jürgens, Volker Diekmann, Karl A. Renner, Paul Jürgen Hülser, Alexandra von Kirchbach-Henneberg,*

Erich Mauch, Bernhard Kleiser, Frank Uhl sowie *Susanne Asenbaum, Christoph Baumgartner, Roland Beisteiner, Jürgen Boschert, Ross Cunnington, Douglas Cheyne, Rong Qing Cui, Walter Endl, Marion Engel, Markus Erdler, Willibald Gerschlager, Georg Goldenberg, Mary Lee Huckabee, Wolfgang Lalouschek, Gerald Lindinger, Dagmar Mayer, Ewald Moser, Bernd Oldenkott, Ivo Podreka, Alexandra Rutschmann, Josef Spatt, Arnold Starr, Jiri Vrba, Peter Walla, Hal Weinberg, Gerald Wiest* und *Christian Windischberger.*

Ulm und Wien, im Juni 2007

Hans Helmut Kornhuber
Lüder Deecke

Vorwort zur 2. Auflage

Nachdem „Wille und Gehirn" auf eine erfreulich große Resonanz gestoßen ist, legen wir das Buch nun in einer zweiten, überarbeiteten Auflage vor, in der neueste internationale Forschungsergebnisse Berücksichtigung finden.

Ulm und Wien, im Juni 2009

Hans Helmut Kornhuber
Lüder Deecke

Wille und Gehirn

Immer neue Kriege, Atombomben, Völkermord, fast tausend Milliarden Dollar jährliche Rüstungsausgaben, Seuchen wie Aids, Klimawandel, Vernichtung der Wälder, Korruption, jährlich Millionen verhungerter Kinder, und andererseits Kultur, Kunst, Recht, immenses Wissen, Barmherzigkeit, Heilung durch Forschung: Wille ist ein ungeheures Thema. Er vor allem macht, was für Menschen wir sind. Der **Menschenwille** ist das **Schicksal der Erde** geworden. Und doch wurde der Wille sekretiert und wird noch immer kleingeredet. Die menschliche Freiheit ist das größte Problem der Philosophie, das Zentrum der Freiheit aber ist der Wille: Wenn wir etwa erblinden oder die Sprache verlieren, so können wir diesen Schlag wenigstens teilweise ausgleichen, solange unser Wille intakt ist. Vor allem aber: ohne Willen keine sittliche Handlung. Wegen der Freiheit verneinen viele den Willen. Das Problem ist aber durch Forschung angehbar.

Wenn man nach Grundlagen von Willen im Gehirn sucht, braucht man einen **Begriff**, ein **Verständnis von Willen**. Verwirrt vom Freudismus hat man heute gewöhnlich keinen klaren Begriff vom Willen mehr, allenfalls einen falschen, der mit Trieb, Sturheit, Arroganz oder gar Gewalt assoziiert ist, dies ist ein subhumaner Begriff. Wille ist **vernünftige Selbstführung des Menschen**, ist **Denken und Verhalten aus der Persönlichkeit**, vor allem ihrem Kern, dem Selbst, und aus verantwortlicher Verbindung mit anderen Menschen, denn der Mensch ist ein Kulturwesen. Er ist trotz biologischer Zugehörigkeit zur Tierwelt ein einzigartiges Wesen, mit Kreativität, mit Langzeitplänen, mit langfristiger Verantwortung, zu innovativer Problemlösung fähig, er ist Schöpfer der Kulturen, deren hohe Dokumente uns seit etwa 40 000 Jahren (Höhlenmalerei, Tierskulpturen usw.) überliefert sind.

Die **Kulturen** sind selbstverständlich nicht einfach automatische Folgen der Gehirnevolution, sondern Früchte langer Zusammenarbeit von Menschen. Kulturen schaffen neue Systeme, die das Leben noch nicht kannte, und Wissen von der Welt und vom Menschen. Sie schaffen auch neue Weisen der Vererbung von erworbenen Eigenschaften durch Sprachen, Bilder und Schriften, und sie steigern die Kreativität des Lebens gewaltig (etwa zählbar an der Rate wichtiger Innovationen, siehe z.B. *Lenski* 1970).

Die **Anfänge des Willens** liegen vor der Kultur, vermutlich im sozialen Jagen (*Campbell* 1970), bei dem jedes Individuum von der Zuverlässigkeit der andern abhängt, das also die Auslese von Selbstdisziplin fördert, einer Eigenschaft, die Affen nicht im gleichen Maß wie Menschen haben. Aber die beginnende Kultur, mit Hilfe der Sprache, hat die Entwicklung offenbar vorangetrieben. Kultur und Wille haben sich gegenseitig angeregt und geprägt, denn Kultur ist disziplinierte Zusammenarbeit, beruht also unter anderem auf Willen. *Max Weber* schrieb: Kultur beruht auf Wertentscheidungen; wir sind Kulturmenschen, weil wir mit Willen begabt sind, der Welt einen Sinn zu geben.

Wille ist eine komplexe, **umfassende Hirnfunktion**; ein enger Begriff verfehlt große Teile. Umfassende Begriffe wie Bewusstsein, Intelligenz, Wille sind durchaus nicht leer; wir brauchen sie trotz ihrer vielen Aspekte. Vor dem Entschluss stehen, schon getrieben vom Wollen, Überlegungen und vielleicht innere Kämpfe und Einsicht; nach der Planung und dem Entschluss gibt es – trotz Delegation von vielen Einzelheiten an übergelernte und wieder unbewusst gewordene Unterprogramme – zielstrebige Wachsamkeit, Sorgfalt, Gründlichkeit, Korrekturen, Vollendungswillen und neue Pläne: das alles gehört zum Willen. Die entscheidende Hürde ist der **Entschluss**. Entschlusskraft vor allem gehört zum Willen, aber auch das Durchhalten ist wichtig. Vor alledem steht schon die Weltoffenheit, das aktive Suchen, Wahrnehmen, Überlegen und Denken, die vielfältigen geistigen Interessen, die schon bei Kleinkindern mit dem Sammeln von Blättern und Muscheln beginnen.

Es gibt begabte Menschen, die doch nichts Besonderes leisten. Wille ist etwas anderes als Intelligenz, er zeigt sich in Eigeninitiative und Durchhalten. – In der Sprache des Generalstabs heißt, wofür Wille zuständig ist, **Strategie**. Der Stratege darf nicht unkundig in der Deckung bleiben noch in der Herde mitlaufen, sondern er muss selbst verantwortlich planen. Dazu muss er Lage und Mittel kennen. Vor allem muss er das Wesentliche sehen und die Entscheidung unter wenigen Alternativen suchen. Bei aller Kühnheit des Denkens aber muss er sorgfältig realistisch bleiben. – In der Sprache der Wirtschaft ist Wille **Management**. Ein Manager muss übergeordnete Zusammenhänge erkennen, sinnvolle Ziele setzen, planen und organisieren können, vor allem aber führen. Die Ökonomen sprechen von management by objectives, management by delegation usw. All das tut der Wille auch.

Etwas Führungsanaloges gibt es aber schon in der unbewussten Natur; im Leben wirken so viele Gene mit, dass Führung notwendig ist. Die Genetiker sprechen von **Hierarchie in der Genregulation** und von Meister-Kontrollgenen. Es gibt da auch Stabilisierung von bewährten Verfahren – analog zur Ausdauer des Willens – z.B. durch Verdoppelung von Genen, sodass, wenn in einem eine Mutation auftritt, die mögliche Verbesserungen erkunden kann (aber meist zur Verschlechterung der Funktion führt), das Duplikat noch das Funktionieren aufrechterhält. Und es gibt ein Analogon zur Kommunikation der Menschen: den horizontalen Gentransfer von einem Organismus zum andern, der die biologische Evolution ähnlich beschleunigt hat wie die Sprache die kulturelle.

Die schriftliche Tradition der geistigen Interessen beginnt in Europa mit *Hesiod*; er forderte **Wahrheit** – ein noch immer unterschätzter Impuls: Nicht vom Widerstand gegen Wahrheit gehindert, vermochte der Forschergeist in unseren Tagen sogar zu erkennen, dass wir in einem Kosmos leben, der zum großen Teil aus unsichtbarer Materie besteht; durch Willen zum Wissen ist seit den alten Hellenen die Menschheit vorangekommen, – aber wie schwer war es, gegen Augenschein und Dogmen anzugehen, etwa das heliozentrische Weltbild durchzusetzen; und am schwersten, gegen das Wunschdenken der meisten: z.B. behaupten einige Propagandisten noch immer, Alkohol nütze der Gesundheit, und das wird gerne geglaubt.

Lange vor *Hesiod* gab es schon die Höhlenmalerei und die Felszeichnungen, es gab Megalithkulturen, die Astronomie trieben, den Ackerbau und die Hochkulturen mit vielen Erfindungen und Künsten, mit Religion, Recht, Technik, Schrift. Es gab *Zarathustra*, *Gilgamesch* und einen Gott, der sein eigenes Auge opferte, um der Wahrheit näher zu kommen, und nach *Homer*, *Hesiod* und den sieben Weisen entwickelte sich um 500 v. Chr. **in Ionien** auf dem Boden undogmatischer Naturverehrung **Naturforschung und Ethik**. Am Ende dieser Entwicklung des Altertums, im Hellenismus, ist uns als Summe des abendländischen Denkens der Begriff **Humanität** überliefert (bei *Seneca* und *Cicero*, auf *Panaitios* gegründet), der das meint, was den Menschen zum Menschen macht, und der heute die Grundlage der deutschen Verfassung ist. Sucht man im antiken Denken, was das Wesentliche daran ist, so findet man **Sophrosyne**, einen Begriff, der oft mit Besonnenheit übersetzt wird, wörtlich aber Gesundwilligkeit meint. *Diels* übersetzt ihn in einem berühmten Fragment (Nr. 208) des *Demokrit* (der vielleicht der umfassendste Geist des Altertums war): „Des Vaters Selbstbeherrschung ist für die Kinder die größte Vermahnung"; Selbstbeherrschung also, ein Willensbegriff, aber nicht Wille roh, sondern mit Ethos; ein anderer Wille ist keiner. Es gibt auch ein Tätigkeitswort zu Sophrosyne: sophronein. *Heraklit* sagte (Fragm. 112): „Sophronein ist die wichtigste Tugend." Schon die sieben Weisen dachten über den Willen nach, auch ihre Losung war Sophrosyne. An den Tempel von Delphi wurde geschrieben: Erkenne dich selbst.

Ohne **Selbstkritik** keine Vernunft, also auch kein Wille. *Xenophanes*, der Vater der Erkenntniskritik, lebte selbstkritisches, innovatives, konstruktives Denken vor. „Keineswegs haben die Götter von Anfang an alles den Sterblichen aufgezeigt", sagte er, „sondern mit der Zeit finden sie suchend Besseres" (Fragment 18, Diels). Das große Vorbild unter den sieben Weisen war *Solon*, der Vater der Athener Demokratie, der es verschmäht hatte, Ordnung durch Gewalt zu schaffen, der auf Einsicht und Recht vertraute und damit Erfolg hatte – der einzige, den *Platon* als großen Staatsmann gelten ließ. *Heraklit* sagte: Das Volk muss für das Gesetz kämpfen wie für die Mauer. Und: Not tut, dem Gemeinsamen zu folgen. *Heraklit*, der Entdecker der Natur (die ja nichts Selbstverständliches ist sondern sich selbst organisierendes Werden, getrieben von Energie, *Heraklit*s kosmischem „Feuer"), der auch den Begriff Logos prägte, der bei ihm beides meint, das Naturgesetz und die Fähigkeit des Menschen, ihm erkennend näher zu kommen, wurde von der Stoa als Altmeister der Ethik verehrt. Er hatte u.a. den Hedonismus als ein für den Menschen charakteristisches Risiko erkannt.

Menschliches Wollen ist **vernünftiges, wohlbegründetes Wollen**, so lehrten es *Heraklit*, *Demokrit*, *Sokrates*, *Platon*, *Aristoteles* (De anima) und die Stoa (Diog.Laert. VII 1). Die **Verinnerlichung des Ethos**, die der entscheidende Punkt in der Vertiefung des Willens war, wurde nicht erst von *Sokrates* geleistet, sondern sie begann spätestens mit den „sieben Weisen"; und *Heraklit* und *Demokrit*, die nicht nur Naturforscher waren, haben die wesentlichen Schritte getan. *Demokrit* schrieb z.B.: „Gutsein ist noch nicht Nicht-Freveln, sondern es nicht einmal wollen" (Fragm. 62). „Niedriges sollst du, auch wenn du allein bist, weder sprechen noch tun. Lerne aber weit mehr als vor andern dich vor dir selber schämen" (Fragen 244) und „Vor sich selbst muss sich vor allem schämen, wer Schamloses tut" (Fragm. 84). Diese Scham im verinnerlichten (nichtgeschlechtlichen) Sinne entspricht einer Verinnerlichung des Ehrgefühls zur Ehrenhaftigkeit auch bei den Germanen und Römern. Honestum ist das sittlich Gute im Lateinischen, im

Englischen honesty (dazu *Reiner* 1949). Schon *Platon* sah aber, dass Wille mehrere Komponenten hat, neben Überlegung auch Antrieb.

Aus dieser Zeit stammt auch der wunderbare Mythos der **Entscheidung zum Guten**, der Mythos von *Herakles* am Scheidewege, den *Xenophon* erzählt. In ihm taucht die Versuchung durch den Hedonismus auf, die Indienstnahme der Kreativität durch niedere Triebe. Einen ähnlichen Mythos berichten die Evangelien von *Jesus*, und bei dieser Gelegenheit fällt das Wort: Der Mensch lebt nicht vom Brot allein. Voller Geschichten vom Willen und seinem Werden sind auch die Sagas und Epen, die Tragiker, die Märchen der Brüder *Grimm* und die Berichte von Bergsteigern und Arktisexpeditionen. An den Willen zur Wahrheit in den tiefsten Dichtungen der Menschheit ist zu erinnern, an Ödipus und Hamlet. Ohne besonnenen Willen kein **Vertrauen**, auch kein Selbstvertrauen. Sittliche Gemeinschaft lebt vom guten Willen.

Der **Wille ist der Beweger im ganzen Reich der Seele, auch im Denken**, sagte *Duns Scotus*, der tiefste Denker des **Mittelalters** (wie zuvor schon *Anselm von Canterbury*). Duns stand auf den Schultern großer franziskanischer Denker vor ihm seit *Bonaventura*: *Walter von Brügge*, *Johannes Peckham* und vor allem *Petrus Johannis Olivi*, die gegen den Determinismus des islamisch missverstandenen *Aristoteles* angingen. Ihre Argumente waren nicht nur wie später üblich ethische und erkenntnistheoretische, sondern sie beriefen sich auch auf die psychologische Erfahrung von Gefühlen der Verantwortlichkeit, der Befreiung, der Selbstkritik, Scham usw. *Olivi* nennt den Willen einen König im Reich der Seele (*Stadter* 1971); zu erklären ist, gegen ein modernes Missverständnis: ein Regierender mit Verantwortung – vor anderen, vor sich selbst und für *Olivi* vor allem vor Gott. Auch die Vernunft gründet im Willen, sagte *Olivi*. Mit Verstand allein wären wir wie Tiere (summa quest. sup. sent.). Auf franziskanischen Einfluss geht später auch die Freiheitsweisheit des *Erasmus von Rotterdam* zurück (De libero arbitrio, gegen *Luther*s Determinismus). Auch *Thomas Aquinas* hat die Macht des Willens anerkannt: „Voluntas vult intellectum intelligere“ (Sum. theol. I).

Pico della Mirandola in der **Renaissance** sah (anschließend an des *Nikolaus von Kues'* Erkenntnis vom Schöpferischen im Menschen) die Macht des Willens wie die eines gestaltenden Künstlers: „Durch Deinen Willen“ so lässt er *Gott* zu *Adam* sagen „in dessen Hand ich dich gegeben habe, wirst du deine Natur abgrenzen,... Wir haben dich gemacht, damit du dich nach deinem eigenen Urteil gestaltest. Du kannst degenerieren in tierische Tiefe, du kannst aber auch aufsteigen in göttliche Höhen nach eigener Entscheidung.“ *Descartes* (Princ. Philos. I) schrieb: Es gibt auch innere Willenshandlungen, z.B. Zweifeln, Verneinen und Behaupten.

Wille ist praktische Vernunft oder das Vermögen, nach Prinzipien zu handeln, lehrte *Immanuel Kant*, der größte Denker der **Aufklärung**, der im guten Willen das sah, was man ohne Einschränkung gut nennen könne. *Kant* sah den Willen kreativ wie die Franziskaner und *Pico*: „Die Freiheit ist ein schöpferisches Vermögen“ notierte er (Nr. 7196 im Nachlass Bd. 19 der Akademie-Ausgabe), und: „Die wichtigste Bemerkung, die der Mensch an sich selbst macht, ist, dass er durch die Natur bestimmt sei, selbst Urheber seiner ... eigenen Neigungen und Fertigkeiten zu sein“ (Nr. 7199). *Kant* sah aber auch, dass es Böswilligkeit gibt. *Fichte* meinte, von seinem Streben hänge es ab, was für ein Mensch jeder ist; Wollen sei die Wurzel des Ich und der eigentliche Charakter der Vernunft. *Hegel* lehrte (Philos. des Rechts), dass Wille handeln und sich seine Freiheit erarbeiten muss; Recht, Moral, gelebte Sittlichkeit, Gesellschaft, Staat sah er als Realisierungsgestalten des freien Willens. *Schelling* sagte: Wollen ist Ursein; der Wille sei die eigentliche Substanz des Menschen. *Nietzsche* schrieb: ich schätze Menschen nach ihrem Willen. *Jaspers* betonte (Psychologie der Weltanschauungen) den Willen zur Echtheit und später in „Von der Wahrheit“ die grundlegende Bedeutung des

Wahrheitswillens. Wie *Jaspers* dachte auch *Albert Schweitzer*; er schrieb im Vorwort zur sechsten Auflage seiner „Geschichte der Leben Jesu-Forschung" 1950 in Lambarene, „Unbeirrbare Wahrhaftigkeit gehört zum Wesen echter Religiosität." Auch Gerechtigkeit als Fairness nach *Rawls* (J. Philos. 1957) geht natürlich nicht ohne Willen.

Den weltgeschichtlich vielleicht wirksamsten Lehrer des Willens aber hatte der **Ferne Osten**. Ihm verdanken China und Japan ihre Effizienz. Den Willen betonte *Kungtse* ähnlich wie die Stoa, die Franziskaner und *Kant*. Er lehrte Selbstdisziplin, Wahrhaftigkeit, Tätigkeit, Ausdauer, Güte, gebändigte Kraft des Charakters, die von selbst auf die Umgebung wirke. Solche Selbsterziehung, meinte er (ähnlich wie *Platon* im siebenten Brief), schaffe Harmonie ohne Gewalt. „Den Streitkräften eines großen Staates kann der Befehlshaber dahingerafft werden", sagte er, „aber selbst einem einfachen Mann aus dem Volk kann man nicht seinen Willen nehmen" (Lun-yü IX, 25). Eine ähnliche Wirkung hatte im **Nahen Osten** zuvor *Zarathustra* auf die Bildung des Willens: das Wort und der Handschlag eines Parsen gilt noch heute mehr als der Schwur eines andern. Im Laufe der Geistesgeschichte ist der Wille und seine Freiheit wiederholt entdeckt worden. Weder die Humanitas der Stoa, noch die Caritas der Franziskaner, noch die Disziplin der Japaner, noch das „Wage selbst zu denken" der Aufklärung sind ohne Willen denkbar.

Es gab auch eine andere, dem Willen als Eigenmächtigkeit des Menschen skeptisch gegenüberstehende Tradition, die von der **apokalyptisch-(eschatologisch-)deterministischen Richtung** der spätjüdischen Tradition ausgehend im Christentum mit *Paulus* begann und über *Luther* („De servo arbitrio") bis in die Gegenwart reicht. Sie gründete sich auf Erlebnisse des Versagens, und sie verwies auf übernatürliche Gnade. *Augustin* zweifelte, wie unter einem allmächtigen Gott Willensfreiheit noch denkbar sei; er machte gewundene Vorschläge, um Verantwortlichkeit von Menschen zu retten, ohne die Allmacht Gottes zu mindern.

Nach *Kant* entdeckte aber auch die protestantische Theologie den Willen wieder. Bei *Kierkegaard* steht die Entscheidung im Mittelpunkt, auch Echtheit; seine Helden waren die willensstarken Vorsokratiker und *Sokrates*. Auch *Albert Schweitzer*, ebenso groß als Philosoph wie als Theologe, war ein rationaler Willensphilosoph („Aus meinem Leben und Denken"); er schätzte die Stoa hoch („Kultur und Ethik").

Die **moderne Willensfeindschaft** hingegen kommt aus einem theologisch **missverstandenen Naturbegriff**. Natur, so meinte *Spinoza*, schließe Freiheit aus; das war bei den Entdeckern der Natur, den alten Hellenen, anders: sie erkannten unbefangen Freiheit an. Das Verschwinden der Willensfreiheit bei Spinoza wird deutlich, wenn man ihn mit seinen Vordenkern vergleicht, mit *Descartes*, *Bruno* und *Cusanus*. *Spinoza*s Naturbegriff stammte, wie schon *Hegel* sah (Vorlesungen über die Geschichte der Philosophie), in Wahrheit aus der Theologie (und zwar, so ist zu ergänzen, aus ihrer apokalyptisch-deterministischen Richtung). Dieser theologisch inspirierte totaldeterministische Naturbegriff hatte damals auch unter Physikern Anhänger, z.B. in *Sir Isaac Newton*, der ein Buch über die Apokalypse schrieb, das 1733 veröffentlicht wurde. Nicht nur ein abstrakter Denker, der in der biblisch-theologischen Tradition aufgewachsen war und, wenn er sich auch später von ihr distanzierte, doch wenig Naturkenntnis hatte wie *Spinoza*, sondern auch ein großer Naturforscher wie *Newton* dachte damals theologisch-totaldeterministisch. Die modernen Anhänger dieses verengten Naturbegriffs, z.B. *Freud* und seine heutigen Epigonen, haben das nicht verstanden. Der Zusammenhang von Determinismus und Apokalyptik ist in der **biblischen Theologie** angelegt (siehe z.B. das Stichwort Apokalyptik im Handbuch „Die Bibel und ihre Welt", herausgegeben von *G. Cornfeld*, Tel Aviv). Schon bei *Jesaja* wurden apokalyptische Einschübe gemacht. Bei *Ezechiel* gibt es viele apokalyptische Stellen. Vor allem ist das Daniel-Buch apokalyptisch, und der Einfluss dieses Denkens mit seiner unausweichlichen Endzeiterwartung auf das Neue Testament ist spätestens seit *Albert Schweitzer* klar (Geschichte der Leben Jesu-Forschung). Auch der Marxismus ist, wie *Karl Löwith* herausgearbeitet hat, apokalyptisch. *Nicolai Hartmann* hat klargemacht (Teleologisches Denken), dass der theologische Determinismus der härteste ist. Ein allmächtiger Gott, der etwas will, setzt sein Ziel durch. Der natürliche Kausalzusammenhang, der übrigens (mehr als Hartmann ahnte) auch mit Zufall durchmischt ist, ist offen für höhere Determination aus vernünftigem Willen. Wenn man *Luther*s berühmte Schrift über den unfreien Willen liest, merkt man, dass *Hartmann* recht sah. *Johan Huizinga* schrieb: Für *Luther* war „jede menschliche Mitwirkung am Heil eine Schändung an Gottes Ruhm."

Wille aber ist seit der Antike **mit Freiheit assoziiert**, wenn auch Freiheit nicht aus Willen allein kommt. Selbstdisziplin entsteht nicht ohne eigene Anstrengung, ohne willentliches Lernen und Üben. **Positive Freiheit** im Sinne *Kant*s (Freiheit zu... im Sinne *Nietzsche*s) ist nicht wider die Natur, sondern im Gegenteil eine Folge der Natur im lebenden menschlichen Gehirn mit seiner Zusammenarbeit, seinen Metaanalysen, mit seinen vielfachen parallelen und übergeordneten Systemen der adaptiven Informationsverarbeitung mit Selbstbesinnung, Verstehen von anderen Menschen, kreativem Denken, Planen und Entscheiden und mit Ordnungsmöglichkeiten vom Gipfel her bis in die Peripherie. Wirkliche Freiheit ist Fähigkeit, ist Tugend im antiken Sinne; sie ist immer relativ: ein Nüchterner ist freier als ein Betrunkener, ein Erwachsener freier als ein Kleinkind, ein Mensch freier als ein Affe, aber auch ein Affe freier als ein Wurm (*Kornhuber* 1984). Ein Mensch ist weit mehr als ein sprechender Affe. Ein Affe hat keine Langzeitplanung, keine Kreativität, keine Verantwortlichkeit (außer für eigene Junge), keine Vernunft und folglich nur Vorstufen von Willen.

Heute wird auch **Selbstorganisation** gegen Willen und Freiheit angeführt. Selbstorganisation von Verbindungen im Gehirn aber schließt Führung nicht aus. Die Führung im Gehirn ist großenteils phylogenetisch entstanden, zum Teil ist sie auch von der Kultur und Erziehung geprägt, schließlich aber auch von der Persönlichkeit von Kindheit an selbst erarbeitet. Der Kausalzusammenhang der Triebe wird vom Finalstreben des Willens überformt, so *Nicolai Hartmann*, der übrigens im Gegensatz zu gewissen Gegnern kein Ideologe war, sondern ein selbst als Astronom aktiver Wissenschaftler; er wurde von großen Biologen und Nervenärzten seiner Zeit als der wichtigste Denker der Gegenwart angesehen. An der Willensfreiheit halten auch Naturphilosophen unserer Tage fest, die alle keine Spiritisten, sondern Naturwissenschaftler sind, z.B. *Mario Bunge*, *Donald M. MacKay*, *Daniel Dennett* und *G.H. von Wright*, u.a. aus erkenntnistheoretischen Gründen.

Diese **positive Freiheit**, eine komplexe Fähigkeit unseres Gehirns und der Zusammenarbeit von Menschen, ist auch die wichtigste **Grundlage der Freiheit von** Hunger, Unrecht usw., die wir gewöhnlich mit (wirtschaftlicher, politischer, rechtlicher) Freiheit meinen (**„negativer“ Freiheit** im Sinne Kants, Freiheit von … im Sinne *Nietzsche*s „Zarathustra: Vom Wege des Schaffenden“) und heute oft irrig für die ganze Freiheit halten; denn alle diese Freiheiten beruhen auf menschlichen Kulturleistungen.

Für unsere Freiheit, die kein gesicherter Zustand, sondern ein dynamischer Prozess ist, **müssen und können wir etwas tun**: wir können z.B. schlafen, wenn wir zu müde sind, einen guten Gedanken hervorzubringen, wir suchen Information, wenn wir nicht wissen, wir meiden Drogen, um uns gegen Sucht zu schützen, wir behandeln uns mit einem Antidepressivum, wenn wir an Depression erkranken, wir erziehen unsere Kinder, denn wir wünschen sie tüchtig und rechtschaffen, und wir halten uns durch Tätigkeit in Übung. Auch wirtschaftliche Leistung und die Schaffung von Arbeitsplätzen haben etwas mit Willen zu tun.

Max Scheler (1928) sah die Freiheit vor allem in der Möglichkeit zum Ablehnen von Verlockungen, im Neinsagenkönnen: der Mensch als Asket des Lebens. Diese **Konzen-**

tration ist aber weniger als die Hälfte der Freiheit. Eine Wurst vom Tisch nicht zu fressen, das kann schon ein Hund lernen, aber ein Mensch kann sich selbst dazu erziehen, und er kann tiefer über die Natur denken, sich selbst Ziele setzen und Probleme lösen, kurz er ist **kreativ**. Wer noch, wie einer von uns, die Zeit ohne Antibiotika, Antidepressiva und Mittel gegen Schizophrenie oder Bluthochdruck erlebt hat, weiß, wie groß der Gewinn an Freiheit durch diese Arzneien ist, – alle Ergebnisse willentlicher Forschung. *Csikszentmihalyi* (1997), der die Bedingungen von Kreativität untersucht hat, stieß immer wieder auf den Willen als Beweger von Lebensläufen, aber gemäß der amerikanischen Tradition seit dem zweiten Weltkrieg und vielleicht auch mit klugem understatement vermeidet er das Wort, er nennt ihn psychische Energie, Selbstkontrolle, Konzentration, Erkenntnisstreben, Disziplin, Aufmerksamkeit, Ausdauer. *Charlotte Bühler*, die ebenfalls viele Lebensläufe durchforscht hat, spricht von Selbstbestimmung.

Bei **Tieren** gibt es **Vorstufen dieser Freiheit**. *W.R. Hess*, der den Nobelpreis für seine Entdeckung der cerebralen Grundlagen der Triebe erhielt, konnte z.B. eine Katze durch elektrischen Reiz im Hypothalamus so hungrig machen, dass sie ein Kabel benagte, was eine Katze normalerweise nie tut: Zwang durch Hunger, ein Zeichen verminderter Freiheit. Unsere Willensfreiheit ist u.a. von einem ausgeglichenen Antriebssystem und von intakter cortikaler Kontrolle abhängig (die z.B. durch Drogen beeinträchtigt wird). Wir sind verantwortlich dafür, in diesem Sinne Vorsorge zu treffen, also z.B. vor einer Autofahrt keinen Alkohol zu trinken. Unser Recht erwartet von uns auch, dass wir Zustände verminderter Freiheit erkennen und einem Berauschten nicht das Führen unseres Fahrzeugs überlassen. Auch eine Katze hat gewisse Freiheitsgrade in ihrem Verhalten, und sie erhält sich diese Freiheit u.a. dadurch, dass sie rechtzeitig auf Mäusejagd geht. Unsere menschliche Freiheit aber geht weit über die einer Katze hinaus; wir sind z.B. fähig, auch unter Fernzielen zu wählen und unser Motivrepertoire durch eigene Aktivität zu erweitern.

Freiheit ist immer im Werden und abhängig von Anstrengung, und sie ist gefährdet. Aber sie ist nicht nur Werden, sondern auch Sein, denn das erworbene Können, Wissen und die Selbstprägung des Charakters gehören zu ihren Grundlagen. Dies ist eine natürliche Sicht der Freiheit. Wer Freiheit in einen Geist jenseits des Gehirns wünscht, muss sich fragen, woher dieser Geist Informationen nimmt, wie er (gegen die Naturgesetze) auf das Gehirn wirkt, und welche Ziele er in einer Welt ohne natürliche Ordnung haben kann.

Freiheit ist nicht identisch mit Allesalleinekönnen, mit Totalautarkie. Kein Lebewesen ist ganz autark, jedes braucht Wasser und Energie, die von außen kommt, letztlich für die meisten von der Sonne. Ein Hungriger kann seinen Energiebedarf nicht durch bloßen Willen ersetzen. Zur Freiheit gehören beim Menschen aber von Anfang an auch **Werkzeuge** und das **Feuer** – und später Heilkräuter, Operationen, Arzneien usw.: es sind Mittel zur Freiheit, vom kreativen Willen durch Zusammenarbeit geschaffen, auch solche, die dem Gehirn helfen gegen Wahn, Depression, Angst, Zwang, Pädophilie usw. Positive Freiheit ist Fähigkeit und eröffnet Möglichkeit. Man kann etwas dafür tun, seine Freiheit zu erweitern; Wille veranlasst und führt Kreativität. Schon ein Problem ernst zu nehmen, die Herausforderung anzunehmen, Einsicht zu bilden und gegebenenfalls sich zusammenzutun oder sich helfen zu lassen, gehört zur Freiheit. In Deutschland ist zum Beispiel eine Deformation in der Bevölkerungspyramide entstanden, weil man die Herausforderung durch den Geburtenschwund seit 1968 nicht ernst nahm und den Generationenvertrag missachtete (*Kornhuber* 1978); jetzt hat man Probleme mit Sozialsystemen, die auf Umlage beruhen, als Folge eines seit dreißig Jahren anhaltenden Versagens.

Der **natürlich-vernünftige Willensbegriff** der antiken und neuzeitlichen Aufklärung, der etwas mit innerer Freiheit und schöpferischer Kraft des Menschen zu tun hat, leitete auch die **Psychiatrie im 19. Jahrhundert**. „Seelengesundheit ist derjenige Seelenzustand, worin die Wirkungen des freien Willens ungehindert ausgeübt werden können", schrieb *Maimon*, mit Hinweis auf *Sokrates* und die Stoiker als Psychotherapeuten (in *Moritz*, 1792). *Matthey* (1816) gab eine Systematik der Willensstörungen bis hin zu Impulshandlungen, Kleptomanie usw. *Heinroth* führte in seinem Lehrbuch der Störungen des Seelenlebens (1818) die Willenlosigkeit oder Aboulia ein, mit und ohne Depression. *Leubuscher* zählte 1847 in seinem Artikel „Über Abulie" zahlreiche Störungen des Willens auf. *Jaspers*, der erste große Psychopathologe des 20. Jahrhunderts, wies auf Bewusstsein von Ziel, Mitteln und Folgen als Charakteristika des Willens hin (Allgemeine Psychopathologie). *Kurt Schneider* (Klinische Psychopathologie) sagte: Wille ist die Möglichkeit, sich zwischen verschiedenen Strebungen zu entscheiden.

Die **geisteswissenschaftliche Psychologie** verband den Willen mit den Werten (*Wilhelm Dilthey*) und untersuchte den Konflikt und die Rangordnung der Werte in der geistigen Entwicklung (*Spranger*). Zur Klärung des Willensbegriffs in der Psychologie trug auch die Diskussion um das Selbst seit *William James* bei. Auch dieser Begriff, der schon bei *Leibniz*, *Kant*, *Fichte* und *Kierkegaard* wichtig war, stammt aus der antiken Philosophie (*Platon*, *Plotin*), er meint den Kernbereich der Persönlichkeit. Der eigentliche Wille geht vom Selbst aus (*Lindworski*, 1923). Dass das Konzept des Selbst, das aus der philosophischen Selbstbesinnung stammt, hirnphysiologische Grundlagen hat, zeigt das Phänomen der „alien hand", die Bewegungen macht, welche vom Patienten als fremd erlebt werden (*Goldberg & Bloom* 1990).

Die **experimentelle Psychologie** begann professionell mit *Wundt*, der das erste psychologische Laboratorium gründete und vor allem ein Willenspsychologe war. Auch er unterschied den Willen als Wählenden von den Trieben. In der experimentellen Tradition ist vor allem *Narziss Ach* zu nennen, der die Methode der systematischen Introspektion mit der Messung von Reaktionszeiten verband. Dabei stieß er unter anderem auf den Willensaufwand für Hemmung, die nötig ist, um zuvor gelernte Antworten zu überwinden. *Ach* wies aber auch auf unbewusste Komponenten des Willens infolge Automatisierung hin. „Auf keinem Gebiet der Psychologie herrscht größere Verwirrung als auf dem Gebiet des Willens“ schrieb *Ach* 1910. *Kurt Lewin* (1926) und *Rohracher* (1932) führten weitere Methoden ein; *Rohracher* untersuchte zum Beispiel Personen, die ihren Hunger willentlich unterdrückten.

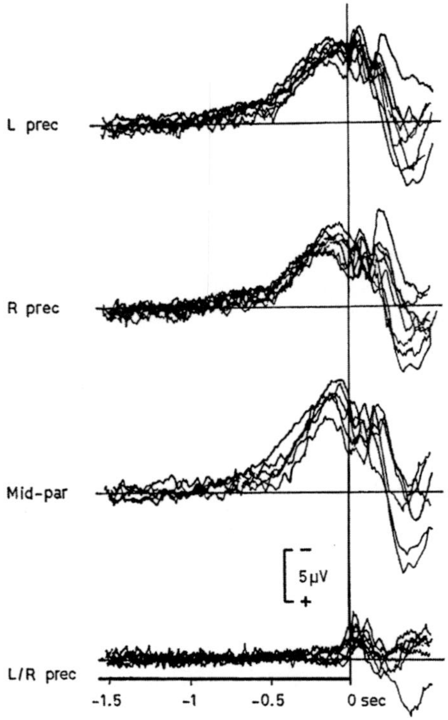

Abb. 1: Bereitschaftspotential (BP), abgeleitet von der Kopfhaut vor willentlichen raschen Beugebewegungen des rechten Zeigefingers nach der Methode der Rückwärtsanalyse. Es wurden

8 Experimente mit derselben Versuchsperson (B.L.) an verschiedenen Tagen mit bis zu 1000 Bewegungen pro Experiment gemittelt. Obere drei Kurven: Unipolare Ableitungen mit den Ohren, zusammengeschaltet, als Referenz: L prec = links präzentral, C3; R prec = rechts präzentral, C4; Mid-par = mittparietal, Pz. Unterste Kurve: L/R prec = links gegen rechts präzentral (bipolar, Differenz des BP im linken präzentralen Handareal C3 minus dem BP in C4). Das Bereitschaftspotential startet etwa 1¼ sec vor dem Bewegungsbeginn, es ist bilateral – in seiner frühen Phase (BP1) sogar bilateral-symmetrisch – und hat sein Maximum über der Mittellinie (Supplementäre Motorische Area, SMA). Ab ca. ½ sec vor dem Bewegungsbeginn startet die späte BP-Komponente (BP2). Sie ist steiler und wird nun contralateral größer als ipsilateral. Etwa 90 msec vor dem Bewegungsbeginn startet die Prämotorische Positivierung. Das Motorpotential (Start 60 msec vor Bewegungsbeginn) ist nur in der bipolaren Ableitung zu erkennen; es findet sich unilateral über der linken präzentralen Handarea als Ausdruck der dort aktivierten Pyramidenzellen des motorischen Cortex. 0 sec (vertikale Linie) = erste im Elektromyogramm (EMG) registrierbare Muskelaktivität. [Nach *Deecke, Grözinger, Kornhuber* 1976]

Die tiefere Ursache für die Verwirrung, von der *Ach* schrieb, war die Entdeckung von *Wallace* und *Darwin*, dass der Menschengeist ein Ergebnis der **Evolution** ist. Mit den Affen gehörte der Mensch nun zu den Primaten. Einseitige Folgerungen daraus für das Willensproblem wurden u.a. in den USA mit **Behaviorismus** und **Freudismus** gezogen. *John B. Watson* warf in seinem behavioristischen Manifest 1913 nicht nur den Willen, sondern auch das Bewusstsein als Gegenstand der Psychologie über Bord. Sein Programm war begrenzt durch die Begriffe Reiz, Reaktion und Anpassung. Auf dem vom Behaviorismus vorbereiteten Feld hatte der Freudismus leichtes Spiel; er verneinte den Willen und betrachtete das Ich als eine schwache Instanz zwischen den Trieben und dem Über-Ich; Freiheit schloss er aus. Der Glaube an die freudistischen Dogmen (z.B. den „analen Charakter“, der nach 1968 sogar zum obligatorischen

Prüfungsstoff deutscher Medizinstudenten avancierte) und der Gebrauch der brutalisierten Sprache (z.B. „Objektbeziehungen“) hat inzwischen nachgelassen, aber *Freud* gilt noch immer als „Entdecker des Unbewussten“ und solcher Vorgänge wie Verdrängung und Sublimation – mit Unrecht. Schon *Ebbinghaus* sagte: „Was an diesen Theorien neu ist, ist nicht wahr, und was wahr ist, ist nicht neu.“ Das Unbewusste war schon der Antike bekannt, auch *Thomas von Aquin*, erst recht *Leibniz* und der Romantik, voran *Carus*. Dann kam ein ehrgeiziger junger Kopf, der mit brillantem Stil viel Verwirrung hinterließ. Arthur Schopenhauer. Bei ihm gibt es in Wahrheit weder Willen noch Freiheit, aber er machte, ohne dies anzuzeigen, eine folgenreiche Umbenennung: er nannte Trieb um in „Willen“, und dieser umgefälschte Trieb ist bei ihm das, was die ganze Welt beherrscht, etwa wie bei *Heraklit* das Feuer. Wille ist aber tatsächlich etwas anderes als Trieb. Triebe sind primitive Regelungen, etwa für die Aufrechterhaltung der Energiezufuhr durch Hunger. Triebe hat die Natur schon den Fischen gegeben, die noch keinen Neocortex (Großhirnrinde) besitzen: sie haben Ursachen in Genen und im vitalen Bedarf des Organismus. Wille hingegen ist eine viel höhere cortikale Funktion, voll entwickelt erst beim Menschen; er hat wohlerwogene Gründe sein Berater ist Vernunft, er berücksichtigt Werte und kulturelle Ziele, obwohl er auch Rücksicht auf vitalen Bedarf nimmt. Schopenhauer (1819) lokalisierte den Focus dessen, was er Willen nannte, nicht ins Gehirn sondern in die Genitalien; darin folgten ihm die Freudisten. Auf *Schopenhauer* und *Carus* gestützt, schrieb *Eduard von Hartmann* seine mehrbändige „Philosophie des Unbewussten“, die 1868 erschien und großen Einfluss gewann. *Freud* hat auch nicht behauptet, das Unbewusste entdeckt zu haben (*Zimmer* 1986). Und was die Psychodynamik angeht, hat *Freud*, ohne dies zuzugeben, die wesentlichen Einsichten von *Nietzsche* übernommen; man vergleiche die Liste der psychologischen Entdeckungen *Nietzsche*s, die *Jaspers* (1936) gibt. Die Ursache der *Freud*’schen Wesensänderung vom Wissenschaftler zum Spekulanten mit hedonistischer Ideologie in den neunziger Jahren des neunzehnten Jahrhunderts (die auch von seinem Biographen *Ernest Jones* eingeräumt wird), bestand in seiner Kokainabhängigkeit (*Eysenck* 1985). Von dieser Zeit an setzte er, statt auf Entwicklung von Forschungsmethoden zur Prüfung von Hypothesen, auf Propaganda.

Die Doktrin von *Freud* wirkte **seit dem Ende des 2. Weltkriegs** nicht nur in USA, sondern verstärkt auch in Europa und brachte die Erforschung des Willens bis 1965 vollständig zum Erliegen, wie *Heckhausen* (1987) anhand der Nennungen in den Psychological Abstracts nachgewiesen hat. **Wille und verwandte Begriffe verschwanden** aus dem Thesaurus der Schlüsselbegriffe der American Psychological Association. Freudismus wurde damals zu einer Weltanschauung. Der Begriff Freudomarxismus wurde für die Lehren der „Frankfurter Schule" gebraucht; deren Haupt *Max Horkheimer* sich hatte „analysieren" lassen. *Berrios & Gili* (1995) beklagen das Verschwinden des Willensbegriffs auch in der Psychiatrie und weisen auf seine Unentbehrlichkeit für das Verständnis vieler psychopathologischer Phänomene hin. Tatsächlich war der Begriff Wille zur Verständigung so unentbehrlich, dass nun Ersatzbegriffe gebraucht wurden, z.B. attention, sogar working memory. Im DSM III der amerikanischen Psychiater kehrt die willensschwache Persönlichkeit wieder als dependente Persönlichkeitsstörung. Von Neuropsychologen wird jetzt oft der Willensersatzbegriff executitive functions gebraucht, nur ein halber Schritt zurück zum Willen, denn execute heißt vollziehen, ausführen, aber der Wille führt nicht nur aus, sondern er führt; das Führende ist für diese Denkrichtung entweder das Triebsystem oder (bei Kognitionspsychologen) der Intellekt.

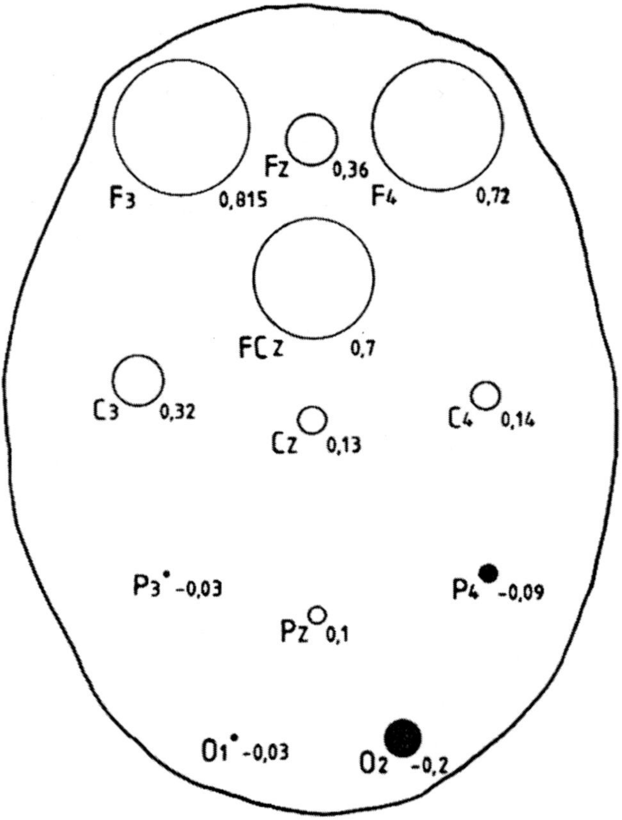

Abb. 2: In diesem Experiment mussten die Versuchspersonen einen auf einem Bildschirm wandernden Lichtpunkt mit einem Stift in der rechten Hand nachfahren, wobei die Exaktheit des Nachfahrens auf den Bildschirm rückgekoppelt wurde. Es wurden bei 14 Studenten in zufälliger Folge drei verschiedene Versuchstypen gemacht mit jeweils 96 Versuchen: erstens einfaches Nachfahren, zweitens umgekehrtes Nachfahren (wobei die Bewegungen der Hand sowohl in horizontaler als auch vertikaler Komponente mit -1 multipliziert auf den Bildschirm zurückgekoppelt wurden) und drittens ein Kontrollversuch, in dem die Versuchspersonen nur

das Reizprogramm auslösten und beobachteten, ohne nachzufahren. Beim ersten Versuchstyp fand keine Verminderung des Fehlers beim Nachfahren statt, beim zweiten hingegen (mit umgekehrtem Nachfahren) eine hochsignifikante Besserung der Leistung mit Lerneffekt vom Anfang bis zum Ende der einzelnen Versuche. Dieser Lerneffekt (Fehlerreduktion bei Handlungsausführung) wurde mit der cortikalen DC-Spannung korreliert. Wie man sieht, fanden sich hohe und signifikante Korrelationen nur über dem Stirnhirn (frontolateral und frontomedial). Die Willensanstrengung, möglichst exakt nachzufahren und aus den Fehlern zu lernen wird also begleitet von zusätzlicher Erregung allein der Frontalhirnrinde. Die Fläche der Kreise entspricht dem Bestimmtheitsmaß d [= r^2], r = Korrelationskoeffizient [Nach *Lang, Lang, Kornhuber, Deecke, Kornhuber* 1983]

Nach dem Verschwinden des Willens aus der Psychologie ging der **Neuanfang der Willensforschung von der Neurologie** aus: In der Situation von 1964, in der am Menschen als passivem Objekt nur die sensorisch evozierten Hirnpotentiale untersucht wurden, suchten die Autoren dieser Schrift Zeichen von eigenaktivem Willen. Sie entwickelten dazu die Methode der Rückwärtsanalyse und fanden ein Hirnpotential, das willentlichen Bewegungen (im Gegensatz zu passiven) vorausgeht: das **Bereitschaftspotential** (*Kornhuber & Deecke* 1964, 1965) (Abb. 1). Es ist ein etwa eine Sekunde vor einer willentlichen Bewegung (etwa des Zeigefingers) beginnendes, langsam ansteigendes, oberflächen-negatives Hirnpotential, das von der frontomedialen „motorischen Supplementärarea“ (SMA) hervorgebracht wird und zehn- bis hundertmal kleiner ist als der spontane Alpharhythmus des EEG, also nur durch Mittelbildung über viele gleichförmige Bewegungen sichtbar wird. Der deutsche Begriff wurde in die angloamerikanische Wissenschaftssprache übernommen (*Jahanshahi & Hallet* 2003) Man kann durch bipolare Ableitung auch das summierte Aktionspotential der Pyramidenzellen des motorischen Kortex über der Handregion, die die Impulssalve über die Pyramidenbahn feuern, ableiten, das noch viel kleiner ist; es beginnt etwa 60 Millisekunden vor dem Start der elektrischen Erregung im Beugemuskel am Unterarm, die die rasche Bewegung des Zeigefingers einleitet; dieses rasche kleine Potential der cortikalen Pyramidenzellen (siehe untere Spur in Abb. 1) wurde Motorpotential genannt (*Deecke, Scheid & Kornhuber* 1969). Bevor der motorische Cortex feuert, durchläuft die willentlich initiierte Erregung die Stammganglien (*Kornhuber* 1974), die mithelfen bei der Organisation der selbstinitiierten Bewegung. Bei Erkrankungen der Stammganglien (z.B. Parkinsonsyndrom) ist die spontane Bewegung erschwert, obgleich keine Lähmung besteht, und das Bereitschaftspotential vermindert.

Die Analysemethode für das Bereitschaftspotential war ein entscheidender Fortschritt, sie ermöglichte die Untersuchung von willentlicher Aktivität des Gehirns. Wendet man sie auf das **Lernen mit Willensanstrengung** an, so findet man nicht nur die SMA, sondern die **ganze Konvexität des frontalen Cortex** stark aktiviert (*Lang* et al. 1983) (Abb. 2), und diese Aktivität korreliert mit dem Lernerfolg. Wird in einem motorischen Lernversuch mit Nachfahren der rechten Hand auf einen bewegten Reiz das korrekte Folgen erschwert durch Überlagerung einer (von einem Funktionsgenerator hervorgebrachten und zum Rückführungssignal der Handbewegung addierten) langsamen Sinuswelle, die durch Lernen zu kompensieren ist, so zeigt sich eine Lateralisierung der Potentialzunahme auf die rechte Hemisphäre mit Maximum über dem frontalen Cortex (*W. Lang* et al. 1986) (Abb. 3). Hingegen zeigt sich bei angestrengtem verbal-assoziativen Lernen der größte Potentialzuwachs über dem linken frontalen Cortex (*M. Lang* et al. 1989) (Abb. 4).

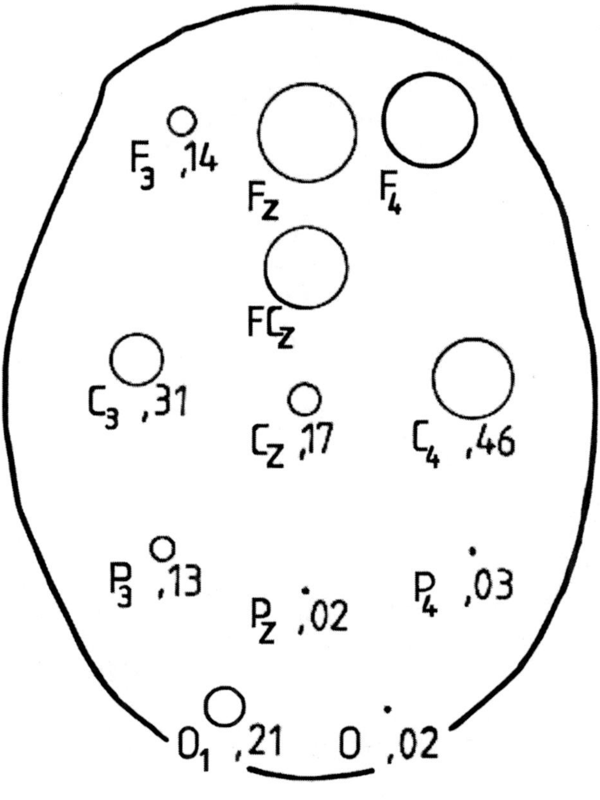

Abb. 3: In diesem Experiment wurde die horizontale Komponente des auf den Bildschirm rückgekoppelten Feedback-Signals der Nachfahrbewegung von einer langsamen Sinuswelle überlagert (Halbperiode 4,5 sec, 20 cm), was zu einer einseitigen Verzerrung nach rechts führte, die durch Lernen kompensiert werden musste. Entsprechend der Willensanstrengung des Kompensierens zeigt sich hier eine Lateralisierung der lernkorrelierten Aktivitätszunahme erneut über der Frontalhirnrinde, aber diesmal über der *rechten* Hemisphäre. [Nach *Lang, Lang, Kornhuber, Kornhuber* 1986]

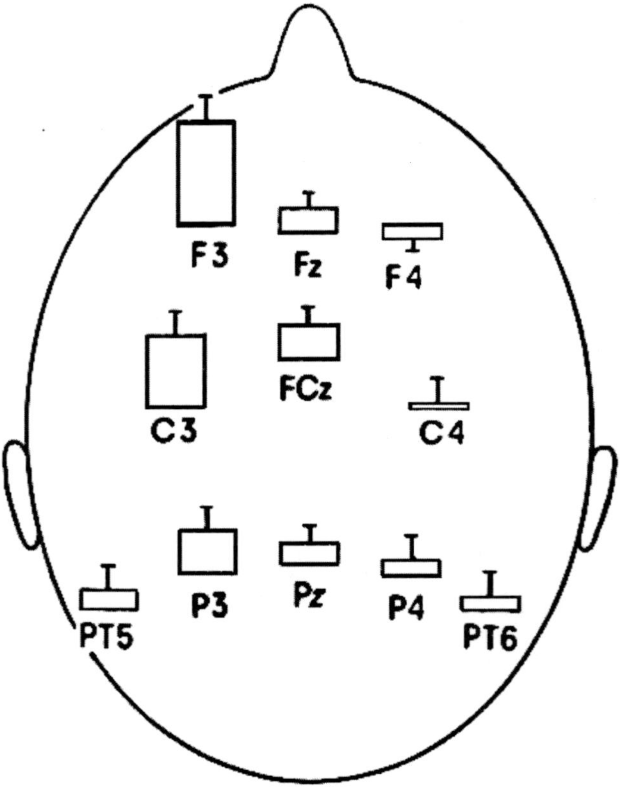

Abb. 4: Die weißen Balken [mit doppeltem Standarderror, 2 SE] stellen *Differenzen* dar und zwar jeweils die Differenz der cortikalen Erregung zwischen einer visuellen verbalen assoziativen Lernaufgabe minus einer Kontrollaufgabe ohne Lernen. Man beachte, dass die lernbedingte Willensanstrengung Extraaktivitäten erzeugt und dass diese – entsprechend der verbalen Natur der assoziativen Lernaufgabe – über der *linken* Hemisphäre und dort frontozentral lokalisiert sind ($p<0{,}01$) [Nach *Lang, Lang, Uhl & Kornhuber* (1989)]

Der präfrontale Cortex ist also nicht nur in der Motorik führend, sondern auch im **Denken**, **Lernen**, **aufmerksamen Wahrnehmen** und beim **willentlichen Vorstellen**, wie ein direkter Versuch ergab (*Uhl* et al. 1990) (Abb. 5). In diesem Versuch initiierten die Versuchspersonen selbst durch Knopfdruck ein Bild, das ihnen zeigte, ob sie sich eine Farbe, ein Gesicht oder eine Route auf einer Landkarte vorstellen sollten, und drei Sekunden später hörten sie von einer Stimme, welche Farbe (oder welches Gesicht, welche Route) zu imaginieren sei; dies war das Startsignal für die Phantasieleistung. Darauf stieg das elektrische Hirnpotential zuerst über dem Frontalhirn an, dann erst, während die Spannung dort abnahm, das Potential über den parietalen, occipitalen und temporalen Feldern. Die Dynamik der Willenswirkung vom Frontallappen auf die hinteren Hirnteile, die von den bildgebenden Verfahren übersehen wird, wird mit den elektrischen und magnetischen Methoden durch höhere zeitliche Auflösung sichtbar.

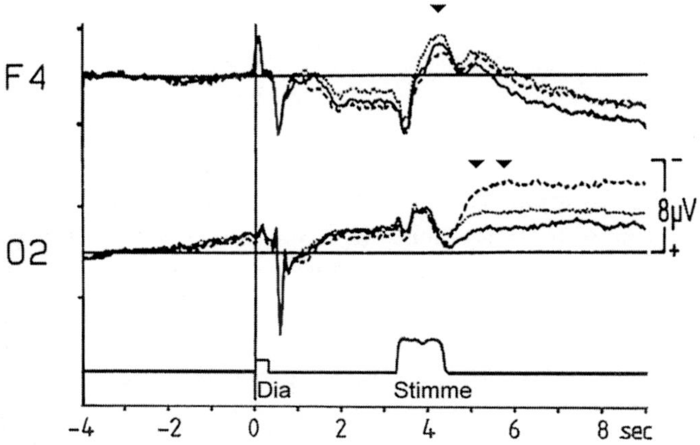

Abb. 5: Experimente über bildliches Vorstellen („vor seinem inneren Auge sehen") von Farben, Gesichtern und Routen auf einer Karte nach folgendem *Paradigma:* DC-Potential-Verschiebungen (obere Spuren F4 frontal rechts und O2 occipital rechts)

wurden von 4 sec vor bis 9 sec nach der willentlichen Initiierung des Einzelversuches abgeleitet. Die Versuchspersonen präsentierten sich selbst ein Dia durch einen selbst-initiierten Knopfdruck simultan mit beiden Zeigefingern (unten Zeitmarkierung 0, „Dia"). Die Diaprojektion dauerte von sec 0 bis 0,2 und sagte der Versuchsperson, welche Bedingung (Farbe, Gesicht oder Route auf der Karte) kommen wird. Bei 3,2 sec begann der akustische Reiz und endete bei 4,4 sec. Hier wurde von einer Stimme das Item angesagt, das die Vp. sich in der jeweiligen Kategorie vorstellen sollte (eine bestimmte Farbe, ein bestimmtes Gesicht oder z.B. die Route von 1 nach 2 auf der Karte). Beachte, dass sich occipital ein Bereitschaftspotential findet in Anbetracht der visuellen Information auf dem zu erwartenden Dia. Beachte ferner, dass – sobald für die Versuchsperson klar ist, was sie imaginieren soll – Aktivierung zunächst über dem Frontalhirn (F4) erscheint (Ausschlag nach oben s. Markierung). Das Frontalhirn brauchen wir offenbar, um den Willensakt des bildlichen Vorstellens hervorzubringen. Erst wenn die frontale Erregung schon wieder abklingt (zweifache Markierung), baut sich über den Perzeptionsarealen occipital (bei den Farben), inferotemporal (bei den Gesichtern) und parietal (bei der Route) eine nachhaltige Aktivierung auf als Ausdruck des tatsächlichen bildlichen Vorstellens. [Mod. n. *Uhl, Goldenberg, Lang, Lindinger, Steiner, Deecke* 1990]

Diese **Führungstätigkeit des Frontalhirns** mit anschließender **Delegation von Aufgaben an hintere Hirnfelder** sieht man noch deutlicher in Abb. 6, die auch ein Beispiel für die Zusammenarbeit im Gehirn und die rasche Umschaltfähigkeit dieses riesigen Organs ist. Neben der **Strategie**, die frontal ist, gibt es im Gehirn natürlich auch **Taktik**. Das ist rasche Anpassung von Handlungen an die sich ändernde Situation ohne grundlegende Revision der Planung. Das Zentrum dafür liegt im hinteren parietalen Cortex, in dem Meldungen von Auge, Ohr und Tastsinn zusammen kommen. Bei diesem Experiment (Abb. 6) blickten die Versuchspersonen auf einen festen Fixierpunkt geradeaus. Darunter befand sich ein Fernsehschirm. In der rechten Hand hielten sie einen Stift, den sie zu einem selbst gewählten Zeitpunkt auf eine Platte senkten. Sobald der Stift Kontakt zur Platte hatte, begann sich ein Lichtpunkt auf dem Bildschirm zu bewegen und zwar in einer zufälligen Richtung für eine Sekunde, um dann plötzlich die Richtung zu ändern und eine Sekunde in eine andere zufällige Richtung zu laufen; diesem Reiz war mit einem Stift auf der Platte zu folgen. Die zwei Richtungen waren unvorhersehbar, aber der Zeitablauf war den Teilnehmern bekannt. Vor dem willentlichen Senken des Stiftes trat natürlich ein Bereitschaftspotential auf, das sein Maximum wie gewöhnlich schon kurz vor der Handbewegung erreichte; dann sank über dem Frontalhirn (hier wird die Ableitung über der motorischen Supplementärarea frontomedial gezeigt) das Potential rasch ab (Entspannung im Frontalhirn), während es über den parietalen und occipitalen Feldern (in Abb. 6 die rechte occipitale Ableitung) noch für 200 ms hoch blieb (solange dauert die Informationsverarbeitung für die Folgebewegung der Hand). Etwa 450 ms nach dem Reizlaufbeginn endet die Entspannung im Frontalhirn, und ein neues Potential beginnt sich aufzubauen, das die Reizänderung antizipiert: es erreicht über der SMA schon 300-200 ms vor der Reizumkehr sein Maximum und sinkt dann wieder: das Frontalhirn kennt den Ablauf, es verhält sich steuernd durch Antizipation und kann zur Richtungsanalyse selbst wenig beitragen, es delegiert die weitere Aufgabe an hintere Hirnregionen (*Kornhuber* 1984). Über dem parietalen und occipitalen Cortex hingegen bleibt das Potential weiter hoch, bis etwa 200 ms nach der Reizänderung die Arbeit getan ist. Am Ende des Versuchs (Sekunde 2 der Ableitung) bemüht sich der parietale und occipitale Cortex nicht mehr, wogegen der frontale das Ende mit Spannung erwartet. Da zuletzt der Lichtpunkt auf dem Schirm zum Ausgangspunkt zurückspringt, entsteht am Ende ein scharfes sensorisch evoziertes Potential. Diese Abläufe der elektrischen Potentiale sind so exakt, dass sie bei den 16 Versuchspersonen weitgehend übereinstimmen, wie der Grand Average mit Standardfehler zeigt (*Deecke* et al 1984). *Korn-*

huber sah in diesen Befunden eine Stützung seiner seit 1961 vorgetragenen Theorie der **Freiheit** und zog nun Konsequenzen im Blick auf den **Willen**, seine Voraussetzungen, seine Stadien usw. (1973-1995). Die Entdeckung von Hirnpotentialen, die mit Willensvorgängen assoziiert sind, wurde in Physiologie und Psychologie sofort mit großem Interesse aufgenommen. Das Paper von 1965 wurde ein Citation Classic (*Current Contents* 1990). Der Neurophysiologe *Sir John Eccles* (Nobelpreis 1963) und der Psychologe *Hans Zeier* (ETH Zürich) urteilten über die Entdeckung des Bereitschaftspotentials: „Es besteht eine reizvolle Parallele zwischen diesen imponierend einfachen Experimenten und den Versuchen *Galileo Galilei*s…" (S. 152). Auch *Kornhuber*s Lehre von der natürlichen Freiheit des Menschen wurde mit Zustimmung aufgenommen (z.B. *Eccles & Zeier* 1980, *Zeier* 1981). Welche Bedeutung dem Anstoß aus der Hirnforschung von den Psychologen um *Heckhausen* am Max Planck Institut beigemessen wurde, zeigt das Symposion „Jenseits des Rubikon" (Heckhausen, Gollwitzer. Weinert, 1987).

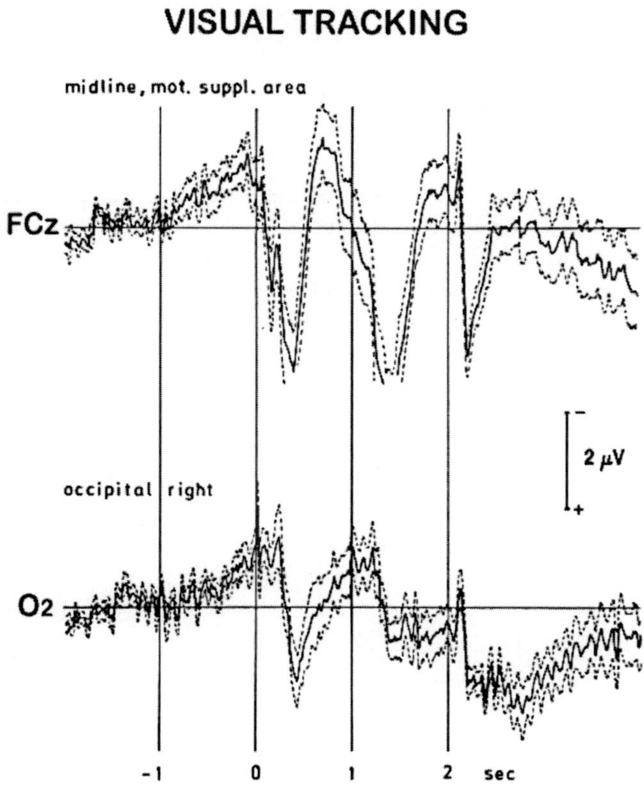

Abb. 6: *Grand Average* der DC-Hirnpotentiale von 16 Versuchspersonen (mit doppeltem Standard Error, 2 SE, gestrichelt). Die Vpn. vollführten visuomotorisches Nachfahren ähnlich wie in Abb. 2. Sie fixierten einen Punkt über einem Bildschirm. In der rechten Hand hielten sie einen Stift, den sie in einer willentlichen Bewegung selbst-initiiert auf eine Platte senkten. Im selben Augenblick (Zeitpunkt 0 sec) begann sich ein Lichtpunkt auf dem Bildschirm zu bewegen und zwar in eine zufällige Richtung für 1 sec, dann erfolgte ein plötzlicher Schwenk in eine andere zufällige Richtung. Die 2 Richtungen waren unvorhersehbar, aber Zeitpunkt und Dauer (1 sec) waren den Probanden bekannt, den Trajektorien der Lichtpunkte auf dem Schirm mussten sie mit

dem Stift auf der Platte so schnell wie möglich folgen. Man vergleiche den Zeitverlauf des DC-Potentials an FCz (d.h. über der Supplementären Motorischen Area, SMA, obere Spur) mit O2 (rechts occipital, untere Spur): Die SMA zeigt antizipatorisches Verhalten in ihrer Aktivierung, welche bereits vor dem ersten Loslaufen des Lichtpunktes endet (vor sec 0), während die Aktivierung occipital rechts über den Zeitpunkt 0 hinaus weiterläuft (Potential der gerichteten Aufmerksamkeit, *directed attention potential*). Dasselbe wiederholt sich bei der Richtungsänderung (zum Zeitpunkt 1 sec): Die SMA schaltet ihre Aktivität hier bereits ½ sec früher ab als die rechte Occipitalregion [Nach *Deecke, Heise, Kornhuber, Lang & Lang* (1984), sowie in: *Kornhuber* (1984)]

Auf diesen Impuls aus der Neurophysiologie setzte eine **neue psychologische Willensforschung** ein, in Deutschland vorangetrieben vor allem von *Julius Kuhl* sowie *Heinz Heckhausen, Jürgen Beckmann, P.M. Gollwitzer, Thomas Goschke* u.a. (kulminierend in einem Symposion der Max-Planck-Gesellschaft herausgegeben von *Heckhausen* et al 1987), sowie einem Band ‚Motivation und Volition' der Enzyklopädie der Psychologie herausgegeben von Kuhl und Heckhausen (1996), aber auch in den USA von *Deci*, *Kanfer* u.a. in Wiederaufnahme der Tradition von *William James* sowie von *Hershberger* 1989, *Libet* et al. 1999. *David Ingvar*, ein Pionier der Hirndurchblutungsforschung, schrieb nun einen Aufsatz über den Willen (1994). Auch in der Philosophie setzte eine neue Diskussion über den Willen und seine Freiheit ein; das Buch von *Sir Karl Popper* und *Sir John Eccles* diskutiert das Bereitschaftspotential und die Ideen von *Kornhuber*, und im „Oxford Handbook of Free Will" wird die Entdeckung des Bereitschaftspotentials diskutiert (*Kane* 2002). Sogar in der empirischen Sozialforschung, in der ebenfalls das Interesse an Freiheit verschwunden gewesen war, wurde Freiheit jetzt wieder entdeckt (*Noelle-Neumann* 1978): durch Faktorenanalyse fand man, dass die Freiheit zu Entscheidungen im Arbeitsleben mit dem Gefühl von Glück verbunden war, wogegen Freiheit im Sinne von Libertinage nicht mit Glück korrelierte, und dies bei Arbeitern wie Angestellten. Die Neurophysiologen versammelten 38 Jahre nach der Entdeckung aktive Forscher im Buch „The Bereitschaftspotential", um die anhaltende Aktualität dieser Innovation zu markieren und die Entdecker zu ehren (*Jahanshahi & Hallett* 2002).

Die Schule von *Heckhausen & Kuhl* bestätigte, dass der **Wille eine komplexe Funktion** ist, beginnend mit Erwägungen, Planungen, dann Entscheidung, dies alles im hellen Licht des Bewusstseins und mit selbstkritischem Realitätsbezug, dann mit Verlagerung von Teilvorgängen in unbewusste Routinen, aber mit begleitender bewusster Kontrolle, und kontrollierter Durchführung, nötigenfalls mit Korrekturen, bis zum Ziel. Nachdem schon *Kornhuber* (1984) auf verschiedene Komponenten und Stadien des Willensprozesses hingewiesen hatte, hat die psychologische Willensforschung zu einer Gliederung des Willens in zahlreiche Stadien geführt, die aber, wenn wir recht sehen, für die Pädagogik, die Therapie und für die forensische Beurteilung von Verantwortlichkeit bisher nicht sehr ergiebig war, doch konnte neuropsychologisch durch Untersuchung von Hirnverletzten gezeigt werden, dass die Wahl von Zielen und die Initiierung von Handlungen unterscheidbare Hirnfunktionen sind (*Lengfelder & Gollwitzer* 2001). Es folgten auch tierexperimentelle Beiträge mit Einzelneuronableitungen im Gehirn von Affen (*Fuster* 1973, *Rolls* 1985) und Ideen aus der Kybernetik und künstlichen Intelligenz (*Shallice* 1982, *Norman & Shallice* 1986). Eine internationale Consensus-Konferenz von Sozialforschern, Psychiatern, Psychologen, Juristen und Neurologen wies auf die Dringlichkeit von Willensforschung im Hinblick auf die Prävention von Gewalt hin (*Filley* et al. 2001). Auch in der Philosophie begann nach der Vernachlässigung in der analytischen Ära ein neues Nachdenken über Willen und Freiheit (Seebass 1993, 2007, Nida-Rümelin 2005). Auch die American Neuropsychiatric Association hat jetzt wegen der Vernachlässigung der *Willensforschung* und der enormen Verhaltensprobleme bei Willensstörungen Alarm geschlagen (Royall et al. 2002; für eine Rückkehr des Willens vgl. auch Haggard, 2008).

Dies alles hat aber auf die **Persönlichkeitspsychologie** bisher keinen Einfluss gehabt. In den Lehrbüchern (z.B. *Asendorpf* oder *Amelang & Bartussek*) kommt Wille nicht vor; er ist aber versteckt in den **„big five" Faktoren der Persönlichkeit**, auf die man sich mit Hilfe von Lexika, Fragebögen und Faktorenanalyse nach fünfzig Jahren Streit schließlich geeinigt hat: vor allem im Faktor „Gewissenhaftigkeit", für den folgende Eigenschaften als charakteristisch genannt werden: organisiert, sorgfältig, planend, effektiv, verantwortlich, zuverlässig, genau, praktisch, vorsichtig, überlegt, gewissenhaft – also lauter Begriffen, die charakteristisch sind für Facetten des Willens, aber auch im Faktor „Offenheit" (von anderen auch „Kultur" genannt) der charakterisiert wird unter anderem mit Worten wie: wissbegierig, erfinderisch, weise, breit interessiert, einfallsreich, phantasievoll, originell – wieder Begriffen, die für intellektuelle Aspekte des Willens stehen, aber auch im Faktor „Extraversion", der unter anderem beschrieben wird mit Worten wie aktiv, energisch, dominant, abenteuerlustig, weiter auch im Faktor „Verträglichkeit", für den unter anderem die Worte hilfsbereit und kooperativ stehen, und erst recht im Faktor „Emotionale Kontrolle" (von anderen beim Fehlen dieser emotionalen Selbstführung „Neurotizismus" genannt), für den Begriffe wie Ich-Stärke, Stabilität und Selbstkontrolle stehen – durchaus Willenseigenschaften. Es ist schon so, wie Anselm und Duns Scotus es sahen: Der Wille ist in allen Gebieten des Seelischen aktiv. Die Faktorenanalyse hat natürlich auch Grenzen, und sie hängt davon ab, welche Begriffe man von vornherein für die Charakterisierung von Persönlichkeiten zugelassen hat: das war für den Willen im Amerika der dreißiger und vierziger Jahre des 20. Jahrhunderts, als diese Untersuchungen begannen, nicht günstig.

Entsprechend sind die Grundgedanken, die in der Persönlichkeitspsychologie heute diskutiert werden; da gibt es nur zwei Faktoren: das Genom und die Umwelt. Dass es auch eine **kindliche** und **jugendliche Persönlichkeit** gibt, die zuerst Wahrnehmung, Motorik, Sprache und durch Kommunikation Begriffe und Geist, **vom 3. Lebensjahr an** aber auch **Willen entwickelt** und damit **ihr eigenes Werden beeinflusst**, wird nicht bedacht. Das Problem wird offensichtlich im Begriff der „nicht-(mit Familienmitgliedern)geteilten Umwelteinflüsse", der nicht-genetischen Individuum-spezifischen „Umwelteinflüsse" also bei Zwillingen, Geschwistern und Adoptivkindern. In diesen „Umwelteinflüssen", die individualspezifisch sind, steckt selbstverständlich auch der eigene Wille, d.h. die Persönlichkeit des jungen Menschen als gestaltende dritte Kraft neben Genen und Umwelt. Der Einfluss der geteilten Umwelteinflüsse in Adoptions- und Zwillingsstudien auf die „big five" der Persönlichkeitsfaktoren ist geringer als der Einfluss der „nichtgeteilten Umwelt". Das gilt z.B. für die Einstellungen und Werthaltungen, sogar für das Körpergewicht. Nur beim Intelligenzquotienten sind die „geteilten" Umweltfaktoren größer als die „nichtgeteilten". Kurz, abgesehen vom IQ sind die „nichtgeteilten Umwelteinflüsse" (darin der eigene Wille) für die Persönlichkeitsentwicklung bedeutender (*Asendorpf* 1999).

Eine große neue **Zwillingsuntersuchung** (*Rushton* 2004) hat das bestätigt: Das **soziale Verantwortungsgefühl** sei zu 42 % durch das Genom, zu 23 % durch das soziale Umfeld, zu 35 % aber durch die „individualspezifische Umwelt" geprägt (also vor allem durch jene Menschen, denen ein Mensch sich anschließt, die er zu Freunden wählt). Die größte Metaanalyse (51 Zwillings- und Adoptionsstudien) ergab für antisoziales Verhalten 41 % genetische Einflüsse, 16% gemeinsame Umwelt (Familie), 43 % individuelle nichtgenetische Faktoren (*Rhee & Waldmann* 2002). Eine Untersuchung von 170 Paaren von eineiigen Zwillingen und 106 Paaren von zweieiigen Zwillingen fand sogar 50 % Einfluss von individuellen nichtgenetische Faktoren für antisoziales Verhalten und gar keinen Einfluss von Genen auf Altruismus (*Krueger* et al. 2001). Man hat auch den genetischen Einfluss auf die Leistung in Frontalhirntests wie dem Wisconsin Card Sorting an Zwillingen untersucht und ähnlich wie beim Verantwortungsgefühl eine Heritabilität von etwa 40 % gefunden (*Anokhin* et al. 2003). In den „nichtgeteilten (oder Individuum-spezifischen) Umwelteinflüssen" aber verbirgt sich der Einfluss der sich entwickelnden kindlichen und jugendlichen Persönlichkeit selbst, vor allem ihres Willens. Freilich sind unter den „nichtgeteilten Umwelteinflüssen" auch zufällige Unfälle und Krankheiten sowie persönliche Freundschaften und Lehrer-Schülerverhältnisse wichtig, aber welche Persönlichkeit ein Kind oder Jugendlicher sich zum Freund, Lehrer oder Vorbild sucht und aus welchen Büchern es Ideen schöpft, ist seine eigene Wahl, es hängt auch von seinem Willen ab. Dass dieser, der doch so viel vermag, wie der Konsens der Weisen seit *Heraklit* und *Kungtse* sah, keinen Einfluss auf die eigene Entwicklung haben soll, ist eine groteske Annahme. Schon *von Verschuer*, ein großer Zwillingsforscher vor der Ära der Faktorenanalyse, hat 1954 aus seinen langjährigen Untersuchungen geschlossen, dass das Leben der Menschen auch von Faktoren jenseits von Erbanlagen und Umwelt geformt wird. *Charlotte Bühler*, die viele Lebensläufe untersucht hatte, nannte es Selbstbestimmung.

Sein **eigenes Ethos** ist das Schicksal des Menschen schrieb *Heraklit*, und *Sophokles*, *Olivi*, *Cusanus*, *Pico*, *Kant* und *Nietzsche* erkannten, dass **Schöpferkraft** darin ist. Durch **Selbstentwicklung** erlangt der Mensch eine Individualität jenseits der genetischen und umweltbedingten Unterschiede der Pflanzen und Tiere, daher die **enorme Varianz der Individualität in der Spezies Homo**. Diese Verschiedenheit, die vor allem aus Unterschieden des Willens folgt und sich im zivilen Leben in Lebensleistungen z.B. von Künstlern, Forschern, Unternehmern usw. aber auch in Redlichkeit und Güte einfacher Menschen zeigt, wird auch bei Menschen, die sich sonst weniger hervortun, bei Belastungen besonders deutlich (*Kornhuber* 1961). Es ist diese im

Willen und der Selbstentwicklung begründete Verschiedenheit der Menschen, die ihre Zusammenarbeit erst so kreativ macht. Auch in Ökosystemen bringt die Artenvielfalt die Tüchtigkeit. Sogar in der Zusammenarbeit der Ameisen gibt es unterschiedliche „Kasten". Gleichmacherei ist menschenfeindlich; im Sinn für den Wert der Verschiedenheit liegt die Weisheit der Liberalität. Kontraproduktiv ist jedoch künstliche Verschiedenheit wie ein Kastensystem der Menschen, das die natürliche Entwicklung der Persönlichkeiten mit Herausbildung echter Unterschiede behindert. Schädlich ist aber auch das unsachliche Herauskehren von Unterschieden, die Überbetonung von Rangordnungen und ein dauerndes Ringen darum. Als ungerechtfertigt werden von den Menschen ererbte Unterschiede der ökonomischen Macht empfunden, vor allem, wenn diese sozialschädlich benutzt wird, daher die Impulse zum Kommunismus z.B. bei *Thomas Morus*. Gleichmacherei ist aber wegen der Kreativität wider die menschliche Natur; Kommunismus durch Zwang hat deshalb nie funktioniert (etwas anderes ist freiwillige Armut wie bei den Franziskanern). Die Individualität der Menschen, ihre Spezialisierung und Arbeitsteilung hat eine Parallele in den Hirnfunktionen: im Gegensatz zu einfacheren Tieren gibt es beim Menschen eine Spezialisierung der Hirnhälften, die sich gegenseitig helfen.

Faktorenanalyse ordnet die Vielfalt, ist aber keine Kausalanalyse. Tiefer führt an dieser Stelle die **Hirnforschung**, der wir uns nun zuwenden. Der Wille hat sein Substrat im **Frontalhirn**, wogegen die Zentren der Sinne und ein großer Teil der Sprache und der Intelligenz in den hinteren Hirnlappen sitzen, wobei das Frontalhirn, als das höchste Zentrum, die Tätigkeit führt und freilich auf Anregung und Mitarbeit hinterer und tieferer Hirnteile angewiesen ist, wie z.B. die Depression zeigt. Wir kennen die Lokalisation des Willens im Frontalhirn vor allem aus den Folgen von Hirnläsionen beim Menschen, gewisser Vorstufen des Willens aber auch aus Hirnläsionen, Faserverbindungen (*Jones & Powell* 1970, *Nauta* 1971, *Kawamura* 1977, *Pandya & Yeterian*

1990) und Nervenzelltätigkeit (*Fuster, Rolls*) im Gehirn von Affen, seit 1965 aber auch aus den elektrischen Hirnpotentialen und den Hirnmagnetfeldern beim Menschen (*Kornhuber & Deecke, Lang* et al.) sowie in letzter Zeit auch aus bildgebenden Verfahren, vor allem solchen, die (wie die funktionelle Kernspintomographie) Durchblutungsänderung bei bestimmten Tätigkeiten oder Denkleistungen zeigen, denn jede Tätigkeit von Nervenzellen braucht Energie und deshalb vermehrten Blutzufluss, für den das Gehirn autoregulativ sorgt. Diese Verfahren ergänzen einander, denn die elektrischen und magnetischen haben eine großartige zeitliche, aber geringere räumliche Genauigkeit, die bildgebenden umgekehrt.

Lange war die **Funktion des Frontallappens** unklar, weil einseitige Läsionen im Frontallappen besser als jene in den hinteren Sprach- und Sinnesregionen kompensiert werden (und zwar durch die andere Hemisphäre), und man noch nicht jene spezifischen Tests entwickelt hatte, die bei quantitativer Auswertung auch leichtere Störungen zeigen. Teuber (USA) sprach 1964 vom Rätsel der Frontallappenfunktion. Tatsächlich aber war die Hauptarbeit der Analyse von Hirnläsionsfolgen beim Menschen schon 1934 durch *Kleist* getan, aber sein großartiges Werk wurde nicht gelesen.

Karl Kleist hatte gezeigt, dass die **Störungen durch frontale Läsionen in zwei Gruppen** aufzuteilen sind: Verletzungen des **fronto-basalen (orbitalen) Cortex** verursachen Charakterveränderungen mit **Verlust des gewissenhaften Verhaltens**: mit Unzuverlässigkeit, Oberflächlichkeit, Enthemmung von Besitz- und Sexualwünschen, mit Witzelsucht, mit Mangel an Selbstdisziplin und Berücksichtigung von Spätfolgen, an Ausdauer, usw. während Verletzungen des Cortex der **frontalen Konvexität Störungen des geistigen Antriebs und höherer Fähigkeiten des Denkens und Handelns** hervorrufen. In der frontolateralen Konvexität sah Kleist das Substrat von Antrieb und tätigen Gedanken, im orbitalen Cortex von Gesinnungen, gesinnungsgeleitetem Handeln und Ausdauer, im frontomedialen Cortex von Selbst- und Gemeinschafts-Ich. Kleist fasste die beiden Funktionen des orbitalen und des frontalen Convexitäts-Cortex zutreffend zusammen unter dem Begriff des Willens-Ich (S. 1170). *Kleist* sah richtig, dass nicht nur die willentliche Führung des Tuns, sondern auch des Denkens durch frontale Läsionen gestört wird, was in der Folge vielfältig bestätigt wurde (z.B. *Conway & Fthenaki* 2003). Auch das Erinnern von Intentionen braucht Willensimpulse vom Frontalhirn (*Leynes* 2003). Später wurde gefunden, dass auch Läsionen des fronto-medialen Cortex Antriebsstörungen und Enthemmungs-Symptome hervorrufen können, Läsionen des benachbarten vorderen Gyrus cinguli außerdem **Aufmerksamkeitsstörungen** und Störungen der Wahrnehmung von Gefühlen; auch die willkürliche Konzentration der Aufmerksamkeit ist ja eine-Willensfunktion. Natürlich schafft das Frontalhirn seine Führungstätigkeit nicht allein, sondern es zieht dazu auch Wissen herbei, das in hinteren Hirnlappen gespeichert ist; dazu verfügt es über ein eigenes Informationssystem (*Petrides* 1996). Außerdem berücksichtigt es Anregungen aus dem limbischen System und Hypothalamus und erhält Hilfe von Programmen der Stammganglien.

Die **ärgsten Willensstörungen** sah man nach beidseitiger Durchtrennung der Fasermassen, die den ganzen Frontallappen mit anderen Hirnteilen verbinden. Nach dieser Operation, der **frontalen Leukotomie**, die zeitweilig (vor allen in den USA) zu therapeutischen Zwecken angewandt wurde (*Freeman & Watts* 1942), sah man schwerste Persönlichkeitsveränderungen mit Antriebslosigkeit, völliger Gleichgültigkeit, Verflachung der Gefühle. Ein Mensch ohne Sprache (bei globaler Aphasie) ist noch immer die gleiche sittliche Persönlichkeit, ein Mensch ohne Willen hingegen ist im Kern verändert. Frontalhirnsyndrome durch Läsion subcortikaler Fasern zum und vom Frontalhirn kommen auch klinisch vor, z.B. infolge von Gefäßinsulten im Knie der inneren Kapsel oder im Thalamus, auch durch Entmarkungsherde der Multiplen Sklerose.

Aber auch diese Erfahrungen nahm man seltsamerweise kaum zur Kenntnis, denn bis vor kurzem wurde die Diskussion in den USA über die Funktion des präfrontalen Cortex oft durch den Begriff „**working memory**" (Arbeitsgedächtnis) beherrscht, der von *Goldman-Rakic* eingeführt wurde, aber nur eine Umbenennung der 1935 von *Jacobsen* bei Affen entdeckten Störung des Kurzzeitgedächtnisses durch Läsionen der fronto-lateralen Konvexität war. Das geht so weit, dass von „executive functions in the working memory" gesprochen wird. Kleist sprach von Störungen des tätigen Denkens; dass man zum Denken Arbeitsgedächtnis braucht, versteht sich. Die Fehldeutung der Frontalhirnfunktion als working memory wurde ausdrücklich widerlegt durch direkten Vergleich von frontal und temporal lädierten Patienten (*Owen* et al. 1996): frontal ist die Strategie, hingegen verursachen Läsionen des Hippocampus tief im Schläfenlappen Gedächtnisstörungen.

Ein weiterer Aspekt der frontalen Störung des Wollens und Denkens wurde 1982 von *Shallice* erleuchtet, der, ausgehend von Ansätzen der künstlichen Intelligenz, einen **Planungstest** entwarf: den Tower of London-Test, von dem es jetzt auch eine Modifikation als Tower of Hanoi-Test gibt. Fronto-lateral geschädigte Patienten haben **Schwierigkeiten beim Planen** (*Shallice* 1982, *Shallice & Burgess* 1991). In der Planung gibt es übergeordnete Gesichtspunkte, strategische Klarheit und praktische Urteilskraft; auch diese gehören zum Willen. Dass die Antriebs-, Planungs- und Gewissensfunktionen des Frontallappens verschiedene Teile eines Ganzen sind, wie schon Kleist es sah, ist inzwischen oft bestätigt worden (s. z.B. *Miyake* et al. 2000). Man hat auch gemeint, das Frontalhirnsyndrom durch eine Störung der zeitlichen Ordnung erklären zu können, aber diese Hypothese ist explizit widerlegt: die Verarbeitung der zeitlichen Information ist intakt, es handelt sich um eine Störung der Strategie des Denkens (*Mangels* 1997, *Miller* 2000). Eine Selbstbeurteilungsskala für Willensstörungen, die von Psychologen entwickelt wurde, lässt drei Faktoren beurteilen: Entscheiden, Planen, Vollenden (*Coolidge & Griego* 1995).

Angesichts der Bedeutung des präfrontalen Cortex für Planen und Denken würden wir erwarten, dass die Größe von präfrontalen Feldern auch mit der **Intelligenz** korreliert und so ist es in der Tat (*Haier* et al. 2004). Wegen der verteilten, kooperativen Natur der Hirnfunktionen korrelieren aber auch einige parietale und temporale Felder mit der Intelligenz; fast alle sind Assoziationsfelder.

Es gibt auch ein Arbeitsgedächtnis im **Schläfenlappen**, mit dem wir uns z.B. Telefonnummern für kurze Zeit merken, oder beim Reden Worte behalten, bis wir sie in den Satz gefügt haben. Strukturen des limbischen Systems in der Tiefe des Schläfenlappens sind auch wichtig für die Entscheidung darüber, was von der vielen Information, die durch das Bewusstsein fließt, im **Langzeitgedächtnis** gespeichert werden soll, denn alles sich zu merken wäre kontraproduktiv: ein Gehirn muss rasch handlungsfähig sein, und je größer ein Gedächtnis, desto langsamer und unzuverlässiger das Erinnern. Nur das Wichtige wird deshalb auf längere Dauer gespeichert – eine überschlägige Abschätzung ergab etwa ein Prozent der durch das Bewusstsein fließenden Information (*Kornhuber* 1973). Was wichtig ist, dafür war vor der Evolution des Frontalhirns das limbische System zuständig, deshalb sind Grundlagen für die Fixierung im Langzeitgedächtnis im Hippocampus geblieben. Aber selbstverständlich haben auch der **Wille** und das Frontalhirn Einfluss auf die **Auswahl zur Speicherung** und auf die **Erinnerung** aus dem Langzeitgedächtnis (*Buckner* et al. 1999, *Fletcher & Henson* 2001), denn es prägt sich uns nicht nur emotional Erregendes ein, sondern wir können uns auch eigene Ziele langfristig merken und unser Wille lenkt unsere Interessen, die Aufmerksamkeit und unser Denken, wozu wir Erinnerung brauchen. Der präfrontale Cortex beeinflusst schon die Bildung von Langzeitgedächtnis (*Buckner* et al. 1999), noch mehr aber das Aufsuchen von Erinnerungen, die wir zum Denken, zur Selbstkritik und zur

Entwicklung der Persönlichkeit brauchen (*Petrides* 1996, *Okuda* et al. 1998, *Thaiss & Petrides* 2003). Er hat strategischen Einfluss auf das Gedächtnis, auf Aufsuchen, Erinnerung, Genauigkeit, Sorgfalt bei Ablenkung durch ähnliche Worte, Zuverlässigkeit der Quellenerinnerung usw. (*Baldo* 2002). Vor allem bei bilateralen Frontalhirnläsionen mit Apathie ist die Bildung von Langzeitgedächtnis gestört.

Das **Langzeitgedächtnis** wird **unterteilt** in erstens das bewusstseinsfähige, deklarative für das Wissenssystem und biographische Ereignisse; zu seiner Bildung ist, wie eben erklärt, die Mitwirkung des Hippocampus in der Tiefe des Schläfenlappens nötig, aber gespeichert wird es verteilt an vielen Stellen der Hirnrinde. Zum Nachdenken über Inhalte des Langzeitgedächtnisses ist vor allem der präfrontale Cortex wichtig, wobei die Stammganglien helfen. Zweitens, das nicht-deklarative Gedächtnis (einschließlich der erlernten Geschicklichkeiten) bedarf des Bewusstseins nicht; seine Spuren liegen in Cortex, Stammganglien und Kleinhirn (weitere Information zum Gedächtnis bei *Markowitsch* 2000 und bei *Poldrack & Gabrieli* 1997).

Die Grundlage der **zwei Komponenten** (Antrieb mit Planung, sowie Moral) **des Willens im Frontalhirn** (die doch eng zusammenarbeiten) ist die **Anatomie** (*Petrides* and *Pandya* 2002): die **frontale Konvexität** bekommt Meldungen vor allem von den **Sinnessystemen**, die die Außenwelt analysieren und deren verarbeitete Informationen im hinteren Parietallappen konvergieren, von wo Nachrichten durch lange Assoziationsfasern zum Frontalhirn gehen. Hingegen erhält der **orbitale Cortex** (neben Meldungen über Personen vom unteren visuellen Teil des Schläfenlappens) vor allem Informationen vom **limbischen System** und damit – neben Signalen aus dem Umfeld, die vor Gefährdung warnen, von der Amygdala und vom unteren Teil des Schläfenlappens – auch Nachrichten aus der Innenwelt, vom Bedarf an Energie, Wasser usw. Natürlich erhalten sowohl das Orbitalhirn als auch der Cortex der frontalen Konvexität die für ihre Aufgaben notwendigen Informationen aus dem Langzeitgedächtnis, die im ganzen Cortex, vor allem in den Assoziationsfeldern verteilt sind. Fronto-lateraler, orbitaler und mediofrontaler Cortex sind untereinander vielfältig verbunden und haben efferente Verbindungen zu cortikalen Feldern hinterer Hirnlappen (zum Beiziehen von Information und zum Delegieren von Aufgaben), ferner zur Motorik (und zwar direkt über den prämotorischen zum motorischen Cortex und indirekt über die Stammganglien, die ein großer Speicher von Programmen und Subroutinen sind und dadurch dem Cortex helfen). Der dem medialen Präfrontalhirn benachbarte vordere Teil des Gyrus cinguli ist funktionell ein Teil des präfrontalen Führungssystems. Ihm werden Beziehungen zur Strategie der Aufmerksamkeit, zur Anstrengung für das Lernen und zu der von Gesinnung geleiteten Initiative, zum „Selbst" also, zugeschrieben.

Der präfrontale Cortex hat aber auch direkte efferente Verbindungen zum limbischen System und zu jenen **tief-subcortikalen aminergen und cholinergen Kernen**, die zum gesamten Cortex projizieren und die Wachheit, die Stimmung, die Aufmerksamkeitsverteilung und das Lernen beeinflussen. Das Acetylcholin z.B. ist wichtig für Aufmerksamkeit und Lernen; Anticholinergica dämpfen den Geist. Das Frontalhirn ist derjenige cortikale Hirnteil, der am meisten direkten Einfluss auf diese aminergen und cholinergen Kerne hat (*Gaykema* et al. 1991); das unterstreicht seine Willensfunktion. Während der ganze Cortex von den basalen Kernen durch dünne Fasern cholinerge, serotoninerge und noradrenerge Zuflüsse erhält, gehen die dopaminergen Fasern vorwiegend zum frontalen und cingulären Cortex (*Arnsten & Robbins* 2002). Der Willenscortex, der seinerseits zu den dopaminergen Kernen des Mittelhirns projiziert, erhält durch diesen Kreis eine positive Rückkoppelung, eine innere Unterstützung und Belohnung für seine Anstrengung beim Lernen und produktiven Denken. Auch Noradrenalin und Serotonin sind wichtig für die cortikale Funktion, das Serotonin vor allem für den orbitalen Cortex, was zur Bedeutung des Serotonins bei der Depression passt. Stress, der nicht beherrschbar ist, stört die Frontallappenfunktion mehr als die einfacheren Funktionen der hinteren Hirnlappen.

Die **Stammganglien** der Primaten erhalten (im Gegensatz zu den Verhältnissen bei den Vögeln, bei denen das Hyperstriatum – das Analogon des Cortex – nur mit Teilen des Striatums verbunden ist) vom ganzen Cortex Afferenz, sie sind efferent aber (über den Thalamus) fast nur mit dem Frontallappen (einschließlich des motorischen Cortex) verbunden (*Wise* et al. 1996), was die führende Rolle des Frontalhirns unterstreicht. Dieses muss vor allem dann in Aktion treten, wenn neue Probleme zu lösen sind und übergeordnete Führung erforderlich ist, während die einfache Routine von den Stammganglien erledigt wird.

Durch seinen Einfluss auf das limbische System, den Hypothalamus und die basalen Kerne ist das Frontalhirn in der Lage, **Prioritäten unter den Trieben** zu setzen, **Emotionen zu mäßigen** oder aber ihre Anregungen mit Umsicht **zu vertiefen**. Wenn man z.B. freiwilligen Versuchspersonen erotische Filme zeigt und sie bittet, die dadurch hervorgerufene Gefühlserregung zu mäßigen, zeigt sich Aktivierung bestimmter Teile des frontalen Cortex, die ohne diese Kontrollabsicht inaktiv bleiben (*Beauregard* et al 2001).

Die **Aufmerksamkeit**, die in der Wahrnehmung mit Erwartungen und Vermutungen eine große Rolle spielt und natürlich auch **eine Hilfsfunktion des Willens** ist, ist ein Beispiel für die **Verteilung von Funktionen im Gehirn**, denn selbstverständlich macht das Frontalhirn nicht alles alleine. Als der Feldzug gegen den Willen begann, galt die Aufmerksamkeit als harmlos, weil freiheitsunverdächtig, sie fiel deshalb nicht unter den Bannfluch der Freudisten. Auch Psychologen, die selbst nicht Freudianer sind, wie *Shallice* und *Czikszentmihalyi*, benutzen Aufmerksamkeit deshalb als Ersatzwort für Willen. Unverdächtig erschien Aufmerksamkeit deshalb, weil sie auch eine unwillkürliche, automatische Komponente hat. Selbstverständlich aber ist die gerichtete Aufmerksamkeit, die Konzentration, mit der wir einem Erlebnisstrom folgen und Störendes ausblenden, eine Komponente des Willens; als solche ist sie z.B. beim Wisconsin Card Sorting Test mit ihren frontalen Zentren beteiligt (*Catafau* et al. 1998). Das frontale Aufmerksamkeitszentrum liegt fronto-mesial im vorderen Teil des Gyrus cinguli (der phylogenetisch ein Vorläufer des präfrontalen Cortex ist, mit diesem verbunden ist, aber sich nicht weiter entwickelt hat, als die große Zunahme des Präfrontalhirns begann), es ist das übergeordnete, das die Anregungen vom limbischen System aufnimmt und im Zusammenwirken mit dem präfrontalen Cortex die Strategie der Aufmerksamkeit bestimmt; das hintere liegt näher den Sinnen im hinteren Parietalhirn (*Posner & Petersen* 1990), es meldet Neuigkeiten nach vorn und es erhält Aufgaben vom Frontalhirn delegiert, wenn entschieden ist, worauf geachtet werden muss. Bildgebende Verfahren, deren zeitliche Auflösung Sekunden beträgt, vermögen dieses Management by delegation nicht zu zeigen, wohl aber elektrische und magnetische Analysen, wofür wir ein Beispiel zeigen (Abb. 6). Zur frontoparietalen Verteilung der Aufmerksamkeitsfunktion siehe auch *Stuss* et al. 1999, *Burton & Sinclair* 2000, *Vecera & Rizzo* 2003, *Birnboim* 2003. Bei der Umkonzentrierung der Aufmerksamkeit auf neue Ziele helfen auch die Stammganglien dem Cortex (*Meck & Benson* 2002).

Wir gehen jetzt, um die Funktionsverteilung und den **Stufenbau des Willens im Frontallappen** deutlicher zu machen (der freilich keine Einbahnstraße ist, es gibt immer Rückmeldungen für Korrekturen), die einzelnen Cortex-Gebiete durch (dazu *Kleist* 1934, *Stuss & Benson* 1984, *Malloy & Richardson* 1994, *Stuss, Alexander* et al. 2002, *Knight & Stuss* 2002, *Danek & Göhringer* 2005, *Gruber, Arendt & von Cramon* 2005), beginnend mit der Zentralfurche, vor der bekanntlich ein Ausführungsorgan des Willens, der **motorische Cortex**, liegt (*Brodmann*s Area 4). Bei seinem Ausfall gibt es Lähmungen der Finger und Zehen, wogegen Arm- und Beinbewegungen noch möglich sind, sowie eine feinmotorische Störung der Zunge und der Lippen, die sich beim Sprechen als Dysarthrie zeigt. Bei Durchschneidung der efferenten Fasern des motorischen Cortex, der Pyramidenbahn, auf der Höhe der Medulla oblongata bleiben diese Lähmungen auf Dauer schlaff; die Lähmung, die nach Schlaganfällen in der inneren Kapsel auftritt und spastisch wird, ist durch Läsion von Fasern weiterer Felder bedingt, infolge derer Enthemmung von stütz- und greifmotorischen Hirnstammfunktionen auftritt: daher die Streckspastik am Bein und die Beugespastik der Hand.

Der **prämotorische Cortex** (Area 6) vermittelt komplexe willentliche Handlungen; bei Läsion tritt Apraxie auf. Die Area 6 erhält Afferenz vom präfrontalen Cortex und somatosensorische und visuelle Meldungen, und sie projiziert zum primären motorischen Cortex, ferner zu den Stammganglien und über pontine Kerne zum Kleinhirn. Der motorische und der prämotorische Cortex kann – wie als Ausführungsorgan des Präfrontalhirns – auch gesehen werden als Assoziationsfeld der somatosensorischen Rindenfelder, die gleich hinter der Zentralfurche liegen: der primäre motorische Cortex (Area 4) erhält Fasern vom primären taktilen Cortex (Areae 1, 2 und 3), der prämotorische Cortex vorwiegend von der dahinterliegenden Area 5 (vordere Parietalregion).

Der motorische Cortex hat sich bei den Nagern entwickelt, bei denen vor allem die Lippen und die Zunge stark cortikal repräsentiert sind: diese Organe brauchen raffinierte taktile Informationen, um nicht von den Zähnen beschädigt zu werden. Bei den Primaten, die Hände und Füße zum Klettern brauchen, sind zusätzlich Finger und Zehen stark im motorischen Cortex vertreten. Jeder Teil des motorischen Cortex entspricht in seiner Größe einem ähnlich stark entwickelten Teil des somatosensorischen Cortex, und es sind nur solche Bewegungen in der Area 4 vertreten, die von taktiler Afferenz profitieren, also nicht die Augenbewegungen. Zur Organisation der Sensorik und Motorik, mit denen der Wille natürlich zusammenarbeitet, siehe *Kornhuber* (1978b, 1978c).

Das **frontale Augenfeld** (Area 8), das nicht zum motorischen Cortex gehört und auch nicht von dessen Thalamuskern versorgt wird, sondern vom Mediodorsalkern, der auch den präfrontalen Cortex bedient, organisiert das willkürliche Blicken. Bei Läsion gibt es eine Blickstörung nach kontralateral und Störungen des Blickens aus dem Gedächtnis sowie der Suchbewegungen der Augen im kontralateralen Sehfeld; das blickende Suchen untersteht dem Willen bzw. der Aufmerksamkeit.

Bei Verletzungen des **frontalen Sprachfeldes (Broca-Feld)** im hinteren unteren Teil der lateralen präfrontalen Konvexität resultiert, wenn die Läsion bei Rechtshändern in der linken Hemisphäre ist, eine Störung der Strategie der Sprache, der Satzbildung also: Agrammatismus. Die logische Ordnung der Sprache gehört zur Disziplin des Denkens, und deshalb liegt das frontale Sprachfeld direkt neben dem Willenscortex. Im Gegensatz dazu ist zur Bildung und Überwachung der Exaktheit der Phoneme und Worte rasche akustische Rückkoppelung nötig, und deshalb liegt das **Wernicke-Sprachfeld** neben dem Hörcortex im Schläfenlappen. Das frontale (Broca'sche) Sprachfeld ist also nicht das „motorische", sondern das strategische (*Kornhuber* 1974), – bei Broca-Läsionen ist der Satzbau und die Prosodie gestört, es resultiert Telegrammstil – und das gilt nicht nur für die gesprochene Sprache, sondern auch für das Sprachverständnis: für das Verstehen der Worte brauchen wir den Schläfenlappen, für das Verstehen der Sätze den Frontallappen (*Dronkers* et al. 2004), aber vom Frontallappen mehr als die Broca-Area. Auch die Kompetenz des linken frontalen Cortex für Grammatik passt dazu (*Shapiro* et al. 2001).

Der **dorsolaterale präfrontale Cortex** und **Frontalpol** (Brodmanns Areae 9, 10 und 46) ist zusammen mit den angrenzenden vorderen Teilen des frontomedialen Cortex der vorantreibende und planende Teil des Willenscortex. Verletzungen rufen Störungen der Zielstrebigkeit des Denkens, Lernens und Tuns hervor, der Planung, der Hervorbringung neuer Ideen (der Phantasie also) und der Selbstführung. Das zeigt sich, wenn es bei verbalen, motorischen oder figuralen Aufgaben auf alternative Lösungsvorschläge ankommt, wobei Frontalhirnverletzte Fehler, Perseverationen, Wiederholungen und Regelverstöße begehen. Der Wisconsin Card Sorting-Test erfordert sowohl Durchhalten in der Beachtung von Regeln als auch Umdenken bei Änderungen der Situation. Linkshemisphärische präfrontale Läsionen vermindern die Leistungen im Word Fluency Test (*Milner* 1964), rechte eher die im Fünfpunkte-Zeichentest (*Regard* 1991) Ein brauchbarer Frontalhirn-Test ist auch das Hervorbringen zufälliger Zahlenfolgen (*Spatt & Goldenberg* 1993, *Brugger* et al. 1996) sowie der schon erwähnte Planungstest (Tower of London bzw. of Hanoi). Eine Störung des assoziativen Lernens zeigt sich in Tests, in denen es auf das Erlernen von willkürlichen Assoziationen ankommt (*Petrides* 1997); Patienten mit frontolateralen Läsionen haben dabei Schwierigkeiten. Weiter gelten als Frontalhirntests der Contingency Naming Test, der Rey Complex Figure Test (*Anderson* et al. 2002) und der Trail Making Test (*Moll* et al. 2002). Erhöhte Ablenkbarkeit nach präfrontalen Läsionen wurde auch bei Affen bestätigt (*Grüninger & Pribram* 1969). Das open ended planning gilt als besonders sensitiv für Frontalhirnläsionen. Es wurde mit dem Six Elements und Multiple Errands Test von *Shallice & Burgess* untersucht (*Garden* et al. 2001).

Was die **Phantasie** angeht – sie wird noch immer unterschätzt, obwohl sie doch im Zusammenspiel mit gerichtetem Suchen zur exakten Phantasie i.S. von *Goethe* wird – so ist es freilich nicht das Frontalhirn allein, das sie hervorbringt, sondern der frontale im Zusammenwirken mit dem hinteren Assoziationscortex. Der Wille kann dabei auch entspannt die Phantasie am langen Zügel im Gedächtnis umherstreifen lassen.

Orbitalhirnläsionen erzeugen Enthemmung des Sozialverhaltens, Gewissensverlust, Enthemmung nicht bloß einer Hand (wie mediale Läsion), sondern der Selbstführung der Persönlichkeit, sie beeinträchtigen auch das seelische

Verstehen anderer Menschen. Das kann in emotionaler Labilität, in Witzelsucht, sexuellen Übergriffen, betrügerischen Geschäften, aufdringlichem Aufmerksamkeitsheischen, Aggressivität, Konfabulation, enthemmtem Essen (Gourmand-Syndrom – *Regard & Landis* 1997) u.a. bestehen. Solchen Patienten fehlten vor allem Langzeitziele und die Beachtung von Langzeitfolgen des Tuns. Zustände von hemmungsloser **Konfabulation** (mit Verlust der Selbstkritik) sind aber nicht durch reine Orbitalcortexläsionen bedingt, sondern zeigen immer auch eine schwere Störung der Neubildung von Gedächtnis infolge Läsion weiterer basaler Hirnstrukturen; diese Patienten sind desorientiert und leben in einer irrealen Welt, sie können aus der Erinnerung auftauchende Erlebnisse nicht hemmen und vermischen sie mit der Gegenwart. Oft liegt die Ruptur eines Aneurysmas der Arteria communicans anterior zugrunde (*Fischer* et al. 1995, *Schnider* 2001). Orbitalhirnverletzte sind manchmal nicht gewissenlos, aber unfähig, ihr Gewissen in aktiven Willen umzusetzen und gewissenhaft zu handeln, wodurch sie sich von kalten Kriminellen unterscheiden, die Willen genug haben, aber geübt sind, ihr Gewissen zum Schweigen zu bringen. Ein Test für die Enthemmung ist z.B. der Go-/No go-Test, auch der Stroop-Test, der aber vor allem Aufmerksamkeit verlangt. Die Orbitalhirnstörung ist besser als durch Tests aus der Anamnese und der Verhaltensbeobachtung zu erfassen (dazu *Malloy & Richardson* 1994). Verletzte mit Orbitalhirnsyndrom werden oft auch durch die Gegenwart anderer Menschen nicht von ihren enthemmten Aktionen abgehalten, was damit zusammen stimmt, dass der basomediale Präfrontalcortex (neben dem frontolateralen, *Jakoboni* et al. 2005) dazu beiträgt, die Motive von Mitmenschen zu verstehen. Orbitalhirnläsionen müssen aber, gerade auch wenn sie mit dorsolateralen kombiniert sind, keineswegs immer zu enthemmtem Verhalten führen: die übermäßige Abhängigkeit solcher Patienten ist bei günstiger Familiensituation auch mit einem tätigen Leben verträglich (*Mataro* et al. 2001).

Auch der **fronto-mediale Cortex** hat etwas mit der willentlichen Kontrolle von Emotionen und mit Aufmerksamkeit zu tun. Bei frontomedialen Läsionen kann z.B. der Sammeltrieb enthemmt werden; dann kann es zu sinnloser Anhäufung nutzloser Dinge kommen (*Anderson* et al. 2003). Der frontomediale Cortex, besonders der rechte, spielt auch eine entscheidende Rolle bei der Selbstkritik für episodisches Gedächtnis (das Gefühl des Wissens). Die **motorische Supplementärarea (SMA)**, die ebenfalls an der Medialseite des Frontalhirns liegt, ist wichtig für die Vorbereitung und das zeitlich richtige Einsetzen von Bewegungen (*Kornhuber* 1984a). Die Schlüsse, die aus der Entdeckung des Bereitschaftspotentials gezogen wurden, wurden durch Einzelneuronableitungen aus der SMA des Menschen bestätigt (*Amador & Fried* 2004). Dabei fand sich, dass SMA-Neurone sich anders verhalten bei nur vorgestellten als vor tatsächlich ausgeführten willkürlichen Bewegungen. Bei Willkürbewegungen, denen kein Außenreiz vorgegeben ist, helfen die **Stammganglien** dem motorischen Cortex, die angemessenen Programme bereitzustellen. Der zeitliche Ablauf dieser Nervenzellentätigkeit wurde von *Cunnington, Deecke* und Mitarbeitern (1999, 2002) mit funktioneller Kernspintomographie untersucht: Zuerst wird die SMA und die direkt benachbarte Region im vorderen Gyrus cinguli aktiv, dann die Stammganglien (und zwar besonders der Nucleus lentiformis), dann erst der primäre motorische Cortex. Auch ein Bereitschaftspotential kann von den Stammganglien abgeleitet werden (*Rektor* et al. 2001, *Rektor* 2003). Die Information läuft von den Stammganglien über den Thalamus zurück in den Cortex (*Kornhuber* 1974). Die SMA übernimmt dabei die Initiative und verteilt die Aufgaben in Raum und Zeit (Die Stammganglien werden aber nur bei selbst initiierter Bewegung aktiv und zwar vor Bewegungsbeginn, nicht bei Bewegung, die durch Außenreiz ausgelöst wird – *Cunningham* et al. 2002). Während dieser Zeit baut sich das Bereitschaftspotential (Abb. 1) vor willentlichen Bewegungen auf. Die Motorische Supplementärarea kontrolliert, ob der Zeitpunkt der Bewegung und die Programme passen. Lässt man Versuchspersonen kurze Folgen von Einzelbewegungen der Finger ausführen und stimuliert dabei mit repetitiver transkranieller Magnetstimulation den gegenseitigen primären motorischen Cortex (wodurch eine vorübergehende lokale Ausschaltung der Hirnrindenfunktion bewirkt wird) so wird die Serie der Fingerbewegungen sofort unterbrochen, weil die Finger gelähmt sind. Wird durch rasche magnetische Störreize aber die SMA kurzzeitig ausgeschaltet, beendet der motorische Cortex die gerade laufende Bewegungsserie, kann aber die nächste nicht starten (*Gerloff* et al. 1997). Läsionen der linken SMA (bei Rechtshändern) bewirken auch eine Sprechstörung, besonders, wenn es um das Hervorbringen von Artikulationssequenzen geht. Es resultiert eine verlangsamte Sprache mit Unterbrechungen (*Ziegler* et al. 1997). Bei SMA-Läsionen kann einerseits eine Störung der motorischen Spontaneität bis hin zum akinetischen Mutismus auftreten, andererseits können Enthemmungssymptome elementarer Bewegungen des Armes und der Hand entstehen, das **alien hand-Syndrom**, wobei die Hand Bewegungen ausführt, die der Patient als nicht gewollt, als sich selbst fremd empfindet: eine Störung der willentlichen Kontrolle über spontane Impulse der Stammganglien; dabei ist die Moral im Gegensatz zu Orbitalhirnläsionen nicht verändert (*Scepkowski & Cronin-Golomb* 2003).

Die **Stammganglien** arbeiten dem motorischen Cortex u.a. für Bewegungen der Extremitäten und des Rumpfes zu (*Kornhuber* 1974, 1977). Zum Beispiel hat ein Patient mit Athetose infolge einer Stammganglienläsion zwar keine Lähmung des Armes; er kann den Arm und die Hand, die in vertrackter Beugestellung quasi spastisch unbeweglich verharrt, wie durch Magnetwirkung strecken und bewegen, wenn er mit der anderen Hand durch Berührungsreize die Handfläche aktiviert und die Bewegung führt; dabei geht die Wirkung über den somatosensorischen Cortex zum motorischen. Die Stammganglien helfen aber auch dem Assoziationscortex, z.B. beim Sprechen (*Brunner* et al. 1982). Läsionen der Stammganglien zusätzlich zu cortikalen Läsionen der Wernicke-Area verschlimmern die Aphasie und rufen sprachliche Perseverationen mit immer wieder gleichen Äußerungen hervor, bei denen die Sprachintention wiederholt irrig dieselbe Subroutine aktiviert. Auch verbale Tics kommen als Enthemmungssymptome neben unwillkürlichen Bewegungen bei Läsionen der Stammganglien vor (*Kornhuber* 1977). Globale Aphasie und schwere Aphasien mit Primitivperseverationen („recurring utterances") sind meist nicht durch Läsion des Wernicke'schen und des Broca'schen Sprachfeldes bedingt, sondern durch kombinierte Läsion der Wernicke-Area und der Stammganglien. Es ist daher kein Wunder, dass derjenige Hirnteil, der in seiner Größenzunahme der enormen Evolution der neocortikalen Assoziationsfelder und besonders des Frontalhirns beim Menschen am nächsten kommt, die Stammganglien sind (*Stephan* et al. 1988), wogegen das limbische System, das phylogenetisch alt ist, konservativ bleibt. *Kornhubers* Ideen über die Rolle der Stammganglien als Programmspeicher wurden bestätigt und detailliert von *Wallesch* 1990 sowie von *Wise* et al. 1996. Die Stammganglien und ihr Zusammenwirken mit dem Frontalhirn spielen übrigens auch in der Genese von Zwangsphänomenen und Zwangskrankheiten eine Rolle (*Cummings & Frankel* 1985, *Berthier* et al. 2001, *Kwon* et al. 2003). Diese Störungen, eine segmentale Art von Willensstörungen, sind therapeutisch durch Neuroleptica und neue Antidepressiva (Serotoninwiederaufnahmehemmer) sowie durch (kognitive) Verhaltenstherapie beeinflussbar. Zur Neurophysiologie der Stammganglien siehe *Alexander, DeLong & Strick* 1986, sowie *Alexander, Crutcher & DeLong* 1990.

Das Besondere in der **Evolution des Menschen** sind nicht Triebe, die wir auch bei Tieren annehmen (z.B. bei Hunden, die mit ihrem sozialen Verhalten dem Menschen besonders nahe stehen, offenbar weil sie auch soziale Jäger sind), sondern der **Geist**, der dann auch die Gefühle humanisiert, und im Geistigen nicht nur die **Sprache**, die, nach dem aufrechten Gang, wahrscheinlich schon bei Homo habilis vor zwei Mio. Jahren ein früher Schritt auf dem Evolutionsweg zum Menschen war (*Holloway* 1983; *Tobias* 1987) und die differenzierte Zusammenarbeit ermöglichte; sondern die **Kreativität** des Frontallappens und der vernünftige Wille (*Kornhuber* 1995); denn Zeichensprache können auch junge Menschenaffen erlernen, doch bringen diese subhumanen Primaten nicht selbst Sprache hervor im Gegensatz zu taubstummen Kindern, die auch ohne äußere Anregung selbst eine Zeichensprache zu ihrer Verständigung entwickeln können (*Goldin-Meadow & Feldman* 1977). Die Menschenaffen können eine Lautsprache nicht erlernen, weil ihnen die Wernicke-Area des Schläfenlappens fehlt, die in der Nähe des Hörzentrums liegt und für die rasche akustische Kontrolle der Phoneme erforderlich ist, ohne die Sprache unverständlich ist. Der eigentliche motorische Cortex für das Sprechen ist also diese sensorische Sprachregion, nicht der präzentrale motorische Cortex, nach dessen Läsion noch nie Aphasien beobachtet wurden, sondern nur Undeutlichkeiten der Aussprache (Dysarthrie). Das frontale Sprachfeld (die Broca-Area) ist für die Strategie der Sprache, also der Satzbildung zuständig, nicht für die Kontrolle der Einzelwörter. Die differenzierte Zusammenarbeit der Frühmenschen, vor allem bei der Jagd, mit Hilfe der Sprache, z.B. des Homo habilis vor zwei Millionen Jahren, der wahrscheinlich schon über ein Wernicke-Feld verfügte (*Holloway* 1983, *Tobias* 1987) und sprechen konnte, obwohl er nur halb so viel Gehirn hatte wie homo sapiens, hat offenbar zur **Auslese innerhalb der Spezies nach Intelligenz und Kreativität** und damit zur erstaunlich raschen Weiterentwicklung geführt. Das wesentliche Ergebnis war aber nicht noch mehr Sprache, sondern Kreativität (*Kornhuber* 1984, 1993), und damit wurde der Mensch auch dem Menschen gefährlich (zumal er nun weniger durch Instinkte gebunden war) und brauchte humane Moral: Gewissen und Fairness jenseits von Brutpflege, dazu die Nähe und Zusammenarbeit von Kreativität und sittlichem Willen im Frontalhirn des Menschen. Kreativität ist keineswegs nur eine Eigenschaft von einigen Künstlern und Erfindern in Hochkulturen. Jedes Kind malt. In ganz Afrika gibt es Millionen von Felsbildern, gezeichnet von Buschmännern. Die Gehäuse der modernen Bürokratie täuschen: der Mensch ist ein Kulturwesen, und Kultur ist kristalline Kreativität. Der Mensch ist – anders als *Gehlen* dachte – das Gegenteil eines Mangelwesens: er hat einen Überfluss an Kreativität. Selbstverständlich bewirkt nicht der Wille allein die Kreativität, aber er regt sie an, organisiert sie, führt sie zum Erfolg, natürlich im Bunde mit dem ganzen Gehirn und zusammen mit andern Menschen.

Dass das Wesentliche am Menschen **Kreativität** ist, hat schon *Sophokles* gesehen in seinem berühmten Chorlied in der „Antigone“ und wieder *Pico della Mirandola* in seinem Traktat über die Würde des Menschen. Sophokles hat auch verstanden, dass diese Kreativität nicht nur großartig, sondern auch **gefährlich** ist, er nannte den Menschen deshalb (mit dem Superlativ zu deinos) deinotatos, was gewöhnlich mit gewaltig übersetzt wird, es meint aber eigentlich furchtbar; das Wort steckt z.B. auch im Dinosaurier. Man braucht nicht gleich an die Atombomben auf Hiroshima und Nagasaki zu denken, schon der Gebrauch des Feuers oder der Sprache kann schlimm genug sein. Durch beides zeichnete sich der Mensch von Anfang an aus. Seit der Jungsteinzeit hat er die Biosphäre verändert, und im XX. Jahrhundert ist der Mensch zum Hauptproblem der Erde geworden. Die tropischen Regenwälder verlieren durch den Menschen jährlich ein Prozent ihrer Fläche, und die Aussterberate der Blütenpflanzen und Wirbeltiere liegt jetzt wahrscheinlich 50 bis 100 mal über der natürlichen Rate.

Dass humane Moral zum Auslesefaktor werden konnte, liegt an den Vorteilen der selbstdisziplinierten **Zusammenarbeit**, welche vor allem Grund der Überlegenheit des Menschen ist. Das ist ein Punkt, der von den Sozialdarwinisten nicht verstanden wurde, wohl aber z.B. von *Solon,*

Platon und *Aristoteles, Kungtse, Gautama* und *Jesus, von Hugo Grotius, Montesquieu* und *Immanuel Kant,* dem *Freiherrn vom Stein,* von *Henry Dunant,* von *Raiffeisen* und dem Fürsten *Kropotkin*, aber auch von *Charles Darwin* selbst in seinem Buch über die Evolution des Menschen, das zu wenig beachtet wird: Bei der Evolution innerhalb einer Spezies ist die Zusammenarbeit wichtiger als der Wettbewerb. Nicht der Klassenkampfpropagandist und Bewunderer des Terrors der Pariser Commune (die Vorbild für den Terror *Lenin*s, *Trotzki*s und *Stalin*s war) *Karl Marx*, sondern der kooperative Sozialordnungsdenker *Lorenz von Stein* hat jene Innovationen angeregt, die das Leben der Europäer solidarischer gemacht haben: auf seinen Ideen beruhten die Sozialreformen von *Bismarck* und seinen Beratern. Zusammenarbeit zu bewirken ohne Zwang, mit Überzeugung, ist eine Königskunst der Führung, und zwar sowohl in der Seele als auch zwischenmenschlich. Zerstrittenheit stößt ab, sie ist ein häufiger Grund für die Abwahl einer Partei.

Stabilisierung des Willens durch **gemeinsames Wollen** wird von Familien, Orchestern usw. kurz von **Gemeinschaften** erreicht. Professor *Yunus* in Bangladesh (der dafür den Friedensnobelpreis erhielt) hat bewiesen, dass Wirtschaft nicht nur auf Wettbewerb, sondern auch auf Gemeinschaft beruht; er gibt erfolgreich Kredite ohne weitere Sicherheit an Personen (vorwiegend Frauen), die versprechen, in kleinen Gruppen zusammenzuarbeiten – eine Bestätigung der Ideen von *Ferdinand Tönnies* und *Kropotkin.*

Eine Art von Zusammenarbeit gibt es schon auf der Ebene der Physik und Chemie – die Festigkeit des aromatischen Rings z.B. beruht auf einer besonderen Kooperation der Atome im Molekül – vor allem aber im Leben: in der eukaryontischen Zelle liefern Mitochondrien, die einst selbständige Lebewesen waren, die Energie zu höheren Zwecken, und die Koevolution der Insekten und Pflanzen hat uns die Wunderwelt der Farben und Aromen der Blüten beschert. Wunderbar ist auch das Zusammenwirken der Gene, das aus gleichen Grundbausteinen der Information die Vielfalt der Lebewesen und ihrer Organe hervorbringt. Das gleiche Gen, das bei Mäusen und beim Menschen die Entwicklung des Linsenauges steuert, bringt z.B. bei der Taufliege durch Zusammenwirken mit anderen Genen die bei Insekten üblichen Komplexaugen hervor (*Quiring* et al. 1994, *Halder* et al. 1995). Dieses Gen ist als Meister-Kontrollgen für die Bildung der Augen zuständig von den Seescheiden und Cephalopoden über die Insekten bis zu den Vertebraten, aber wie die Augen im einzelnen dann konstruiert sind, kann sehr verschieden sein. Auch im Gehirn entstehen aus dem Zusammenwirken von im Prinzip gleichen kortikalen Zellsäulen (*Mountcastle* 1957, *Powell & Mountcastle* 1959) einerseits Wahrnehmungen, andererseits Gedanken, Bewegungen usw. Die Zusammenarbeit der Menschen freilich ist nicht wie die der Gene durch Genregulation oder wie im Ameisenstaat durch Instinkte festgelegt. Menschen können Egoismen überwinden und zum Zusammenwirken jenseits von Familienbanden finden für Gemeinnutzen, für Fernziele und Ideen. Dabei spielen oft Führungspersönlichkeiten wie *Solon* oder *Franziskus* eine Rolle.

Besonders wichtig aber ist für die Zusammenarbeit **Wahrheit**. Darum sind Sucher der Wahrheit und Standhafte gegen Irrtum und Lüge Leuchten der Menschheit wie z.B. *Heraklit, Sokrates, Bruno, Kopernikus, Spinoza, Lessing, Wallace* und *Darwin, Albert Schweitzer*. Kampagnen organisierter Lügenpropaganda, wie sie besonders mit Kriegen, Nationalismus, Imperialismus und Wirtschaftsinteressen (Waffenhandel, Alkohol, Zigaretten) verbunden sind, wirken vergiftend. Die dem Gewissen dienenden orbitofrontalen Felder sind die phylogenetisch jüngsten des Menschen (*Spatz* 1951). Gegenseitige Hilfe, auch für behinderte Alte, gab es schon bei Homo erectus vor 1,7 Mio. Jahren (*Lordkipanidze* et al. 2005).

Getestet wird die Kreativität durch ihre Folgen in der Welt, und Hilfen sind dabei Erfahrungen von Generationen, die als Normen und Werte überliefert werden. Dass **Moral**

sich auf mehr als den Menschen beziehen muss, hat das Abendland erst nach zweieinhalb Jahrtausenden ethischer Diskussion zu verstehen begonnen – seit *Alexander von Humboldt* und *Albert Schweitzer. Goethe* lehrte (in der „pädagogischen Provinz" im „Wilhelm Meister") Ehrfurcht auch vor dem, „was unter uns ist".

Einen Hinweis darauf, dass nicht die Sprache und noch mehr temporoparietaler Assoziationscortex das Wesentliche am rezenten Menschen (Homo sapiens sapiens) ist, sondern die Höherentwicklung der kreativen Fähigkeiten des präfrontalen Cortex, gibt das Fehlen von Kunst beim **Neandertaler.** Dieser im Norden unter Bedingungen wiederholter Eiszeiten aus dem Homo erectus enstandene Homo sapiens neandertalensis hatte im Durchschnitt sogar 200 Gramm mehr Gehirn als der rezente Mensch, aber er hatte ein kleineres Frontalhirn (*Kornhuber* 1993) und entwickelte deshalb keine fortgeschrittene Kultur. Er hatte nach 200 000 Jahren noch fast die gleichen Steinwerkzeuge wie zuvor. Und obwohl er Sprache und Beherrschung des Feuers hatte, entwickelte er keine Kochkunst, behielt also ein mächtiges Gebiss und starke Kaumuskeln. Am Klima kann das nicht gelegen haben, denn an Kälte war er besser angepasst als der aus Afrika kommende rezente Mensch, der doch unter den denselben klimatischen Bedingungen in Mitteleuropa um 40 000 v. Chr. viele neue Werkzeuge sowie Kunst (Höhlenmalerei von expressiver Natürlichkeit, Skulpturen) und ein Aufzeichnungssystem für Mondphasen entwickelte; der Neandertaler hingegen, der mehr temporoparietalen Assoziationscortex hatte, zog sich in den Süden der iberischen Halbinsel zurück und starb aus. Dass es von der Gattung Homo nur noch eine einzige Art gibt, ist Folge der gefährlichen Kreativität des Menschen. Aber anstatt mehrerer Arten von Homo gibt es jetzt eine große Diversität von Persönlichkeiten.

Auch im **Frontalhirn** gibt es, wie im Schläfenlappen, eine **funktionelle Differenzierung der Großhirnhemisphären:** die linke ist mehr für die sprachlichen Aufgaben, die rechte für die räumlich-motorischen und für die Regelung von Trieben und Emotionen zuständig (*Lee* et al. 2002); das zeigen auch die Hirnpotentiale bei willentlicher Anstrengung (Abb. 3 und 4). Aber die Ausgleichung (durch die Gegenseite) von Verlust an Können bei einseitiger Verletzung ist im Frontalhirn viel besser als bei Schläfenlappen-Läsionen im Erwachsenenalter mit Sprachstörungen, vielleicht deshalb, weil die Sprache schon früh erlernt wird, während der Wille sich durch viele Jahre bildet, großenteils erst in der Pubertät und teilweise noch später.

Eine **biologische Grundlage unserer Freiheit**, die wir mit den Tieren teilen und über die Computer bisher nicht verfügen, ist die **spontane Selbstreparatur von Defekten im Gehirn**. Im Alter haben wir alle kleine Gefäßinsulte im Gehirn, die wir nicht bemerken und die von Reparaturprogrammen ausgeglichen werden. Das geht soweit, dass Früherblindete ihre Sehrinde mitbenutzen, um die ertastete Blindenschrift zu lesen (*Uhl* et al. 1993). Infolge ihrer Zusammenarbeit mit andern Hirnfeldern ist bei Früherblindeten die Sehrinde auch morphologisch intakt, während Sehnerven und Sehbahnen atrophiert sind (*Breitenseher* et al. 1998). Auf solchen Kooperations-, Umgehungs- und Umprogrammierungsvorgängen beruht die (zuerst von *Lashley* bei Ratten entdeckte) größenproportionale Wirkung von Hirnläsionen auf die Intelligenz, die (neben lokalisationsspezifischen Effekten) auch für den Menschen gilt (*Kornhuber, Bechinger* et al. 1985). Ein so hochkomplexes Organ wie das Gehirn wäre ohne diese Selbstoptimierung nicht funktionsfähig. **Diese Selbstheilungsvorgänge des Gehirns hängen** aber von **eigener Aktivität ab** (*Held & Hein* 1963), die neurotrophe Faktoren hervorbringt, **also von unserm Willen**. Wer rastet, der rostet, weiß das Sprichwort (womit aber nichts gegen den Schlaf und die nützliche vorübergehende Umschaltung des vegetativen Nervensystems nach dem Essen auf trophotrope Aktivität gesagt ist). Daher die **Schaffensfreude** der Erwachsenen beim sinnvollen Tun und die **Tätigkeitsfreude**, eine positive Rückkopplung, **der Kinder beim Spielen**, die der Selbstentwicklung ihres Gehirns dient.

Ähnliches gilt für den **Traumschlaf**, in dem das Gehirn durch zufällig treffende Impulse aktiviert wird (aus einer kleinen Nervenzellansammlung im Hirnstamm, die nichts mit Trieben zu tun hat) und darauf, da abgeschottet von der Welt, bizarre Geschichten hervorbringt: Selbstentwicklung und Selbsterhaltung von Nervenzellen durch Übung im Traumschlaf ist jedenfalls eine wirklichkeitstreuere Theorie als jene von *Freud* oder *Jouvet* oder *Francis Crick* (*Kornhuber* 1984b), zumal das Leben von Säuglingen größtenteils aus Träumen besteht. Tätigkeit von Nervenzellen geht mit Sekretion von Wachstumsfaktoren (z.B. des Brain Derived Neurotrophic Factors) einher; während die Gliazellen in Ruhe nicht nur energieliefernde Moleküle bereitstellen, sondern das Gehirn auch säubern. Was freilich die Kreativität angeht, darf man von Träumen nicht zuviel erwarten. Große Entdeckungen werden in bewusster geistiger Arbeit gemacht. *Kekulé*s Benzolformel war die Ausnahme, sie fiel ihm aber auch nicht im Nachtschlaf, sondern in einem kurzen Tagtraum ein, nachdem er intensiv über das Problem nachgedacht hatte.

Unser **Gehirn** ist nicht ein statisches System wie ein Computer, sondern es ist immer bereit, sich durch **Lernen** und Änderung der biologischen Feinstrukturen neuen Herausforderungen anzupassen. Wenn es unterfordert wird, lässt seine Fähigkeit nach. Setzt man erwachsenen Menschen Umkehrbrillen auf, so haben sie zunächst große Schwierigkeiten beim Gehen und Greifen, aber nach einigen Tagen ist alles in Ordnung und manche Personen können dann sogar Skilaufen (*Kohler* 1951). Kontrolluntersuchungen an Kätzchen ergaben, dass nur aktive Bewegung, nicht passives Bewegtwerden zum Umlernen führt (*Held & Hein* 1963).

Die **Gefühle** und Triebe des Menschen werden keineswegs allein vom limbischen System hervorgebracht. Vermutlich werden sogar die meisten Gefühle des Menschen beim Schaffen letztlich im Frontalhirn initiiert, wenn auch das limbische System im weiten Sinne dabei als Effektor oder Resonanzboden mitwirkt. Kinder spielen oft mit Lust und sind dann kaum z.B. zum Essen zu bewegen: die **Freude** ist dabei Folge der eigenen Tätigkeit, es ist positive Rückkoppelung, im Gegensatz zur negativen Rückkoppelung, die in der Triebsättigung (z.B. beim Hunger) ist und die irrig von Freudianern als Prinzip aller Lust angesehen wird. *Hölderlin* z.B. bat in seinem Gedicht „An die Parzen“: „Nur einen Sommer gönnt ihr Gewaltgen und einen Herbst zu reifem Gesange mir, dass williger mein Herz, vom süßen Spiele gesättigt, dann mir sterbe. Die Seele, der im Leben ihr göttlich Recht nicht ward, sie ruht auch drunten im Orcus nicht; doch ist mir einst das Heilige, das am Herzen mir liegt, das Gedicht gelungen, willkommen dann, oh Stille der Schattenwelt. Zufrieden bin ich, wenn auch mein Saitenspiel mich nicht hinabgeleitet; einmal lebt ich wie Götter und mehr bedarf es nicht“. Dieses Gefühl kommt primär nicht vom limbischen System (das Kunst nicht kennt), sondern ist vom Frontalhirn initiiert. *Goethe* schrieb in den „Lehrjahren“: „Was ist das höchste Glück des Menschen, als dass wir das ausführen, was wir als recht und gut einsehen? Dass wir wirklich Herren über die Mittel zu unseren Zwecken sind?“ Auch in diesem Satz geht es um Glück als Folge der rechten Tätigkeit. Gerade das hatten schon *Sokrates*, *Platon* und *Aristoteles* so gesehen und zwar sogar im Blick auf das menschliche Leben im Ganzen: das rechtschaffene Leben selbst ist das glückliche Leben. Auch nach *Duns Scotus* kommt Glück aus Willen. Dass Glücksgefühl meist Folge eigener willentlicher Tätigkeit ist, wurde durch empirische Untersuchung von *Czikszentmihalyi* (1992) nachgewiesen. *Karl Bühler* (1929) nannte die Tätigkeitsfreude der Kinder beim Spielen Funktionslust. *Nietzsche* sprach vom Glück der Künstler und Philosophen und vom Glück *Homers* („Die fröhliche Wissenschaft“, viertes Buch). Es ist aber auch ein Glück der einfachen rechtschaffenen Menschen; man könnte es **Sinnglück** der Schaffenden nennen. Es ist nicht nur Funktionslust, denn es ist nicht nur im guten Tun, sondern auch in unserer Erinnerung; ein großer Teil des **Selbstwertgefühls** verinnerlichter Menschen gründet sich darauf. Es ist ein Stück Unabhängigkeit vom Beifall der andern; es gehört zur inneren Freiheit, zur humanen Autonomie. *Viktor E. Frankl* weist mit Recht auf die große Bedeutung des Willens zum Sinn hin.

Vor der Tugend haben die Götter den Schweiß gesetzt, hatte *Hesiod* gelehrt, und *Sokrates* sagte: Das anständige, tätige Leben ist selbst das glückliche. Nach der Arbeit als Strafe für Sünde bei den Hebräern wurde die hellenische Erfahrung in der Renaissance von den Humanisten wieder entdeckt. *Manetti*, der wie *Pico* die schöpferischen Leistungen als Grund der Menschenwürde sah, sagt (unter Berufung auf die Nikomachische Ethik des *Aristoteles*): Aus der Tätigkeit des Menschen entsteht viel mehr Freude als Belastung (De dignitate IV 57).

Aber nicht nur Glück, sondern auch **Pflichtgefühl**, Sorge und andere Gefühle werden vom Frontalhirn initiiert, sie können nach orbitofrontalen Läsionen verschwinden, wogegen sogar ein beidseitiger Ausfall der **Amygdala**, die heute von *Gerhard Roth* zum Zentrum der Seele hochgejubelt wird und, wie von ihm irrig behauptet, bei allen Entscheidungen das letzte Wort haben soll, tatsächlich nur im akuten Zustand Symptome verursacht, dann aber bald kompensiert wird, so dass die betroffenen Menschen psychisch unauffällig sind (siehe z.B. *Anderson & Phelps* 2002). Nur durch besondere Tests ist dann feststellbar, dass sie Bedrohliches im Gesichtsausdruck oder in Sprachäußerungen von Mitmenschen weniger gut wahrnehmen als Kontrollpersonen (*Scott* et al. 1997). Wird bei erwachsenen Affen die Amygdala ausgeschaltet, so zeigen sie weniger Misstrauen und sind bei ihren Kameraden besonders beliebt (*Emery* et al.2001). Anders wenn die Entwicklung des Sozialverhaltens, durch beidseitige Läsionen der Amygdala bei Affen in früher Kindheit (Alter 2 Wochen) verändert wird: die jungen Tiere erfahren dann offenbar Enttäuschungen durch zu große Sorglosigkeit und werden dann ängstlicher im Umgang mit Artgenossen; sie werden aber keineswegs autistisch und sind sonst unauffällig im Sozialverhalten (*Prather* et al. 2001). Läsionen, die auf die Amygdala beschränkt sind, rufen im Gegensatz zu Hippocampusläsionen keine Gedächtnisstörungen hervor (*Zola-Morgan* et al. 1989). Wir würden Gefühle, die primär vom limbischen System ausgehen, nicht bewusst erleben ohne Cortex; mindestens der Gyrus cinguli ist dazu wohl notwendig.

Auch jene Glücksgefühle, die vom aufmerksamen Schauen und Hören des **Schönen** in der Natur und Kunst kommen, gehen nicht primär vom limbischen System, sondern vom Assoziationscortex aus. Auch sie sind etwas spezifisch Humanes, und sie wurden deshalb schon von dem großen stoischen Willensphilosophen *Panaitios* als Komponenten der Humanität gesehen; von ihm stammt die Idee der hohen Menschlichkeit (*Pohlenz*). Übrigens kommt auch das andere wichtige Glücksgefühl, dessen Mangel im Winter des hohen Nordens zu Selbstmorden führt, nicht primär vom limbischen System, sondern vom Sonnenlicht und seiner Wirkung auf den Hypothalamus, das endokrine System und die Hirnchemie. – Alle menschlichen Gefühle können wie von persönlichem Geiste, so auch von kulturellen Traditionen und Normen beeinflusst werden. Es ist weniger die Intensität gewisser Gefühle, die wir auch bei Tieren (wenigstens von den Vögeln an) annehmen, als vielmehr ihre Bedeutung und Tiefe, die aus seelischem Verstehen, aus höheren Werten, aus der Einsicht in große Zusammenhänge und aus Disziplin und Treue kommen, was cortikale Funktionen beim Menschen beitragen. Es ist natürlich nicht der präfrontale Cortex alleine, der die Humanisierung des limbischen Systems möglich macht. Auch für eine Funktion, für die bei den Affen noch die Amygdala voll zuständig ist wie die automatische Warnung vor gefährlichen Artgenossen, gibt es beim Menschen auch cortikale Felder, in diesem Fall für das unwillkürliche Erkennen gefährlicher Stimmen im akustischen Assoziationscortex im oberen Teil des

Schläfenlappens (*Grandjean* et al. 2005), und für die Warnung vor bedrohlichen Gesichtern in einem temporobasalen visuellen Assoziationsfeld der Gehirnrinde, dem Gyrus fusiformis – neben dem Gyrus cinguli, dem orbitalen Präfrontalcortex und der Amygdala (*Vuilleumier* et al. 2001).

Die **Amygdala**, eine kleine Ansammlung von Nervenzellen von etwa ein und einem halben Kubikzentimeter Größe (*Brierly* et al. 2002), ist ein phylogenetisch altes Organ (das Archistriatum der Reptilien), das weniger gut als der Neocortex gegen epileptische Entladungen gesichert ist. Es ist ein häufiger Ausgangsort der Schläfenlappenepilepsie mit Dämmerattacken, die oft mit kurzen, unwillkürlichen Handlungen und vor allem mit Angst verbunden sind. Sie wird in der Epilepsiechirurgie erfolgreich entfernt, meist zusammen mit dem ähnlich alten und krampfgeneigten Hippocampus; diesen darf man aber nur einseitig entfernen, weil beidseitiger Ausfall Gedächtnisstörungen zur Folge hat. Nach solchen unilateralen Eingriffen beim Menschen sieht man keine Veränderung der Impulskontrolle, keine Sucht, kein Sensation seeking, keine Verminderung der Angst. Über die anatomischen Verbindungen des limbischen Systems siehe *Mega & Cummings* 1994, sowie *Heimer* 2003. Die Amygdala ist übrigens keineswegs für alle Neuigkeiten zuständig, sie ist spezialisiert auf automatische Entdeckung von Gefahr im Umgang mit Artgenossen. Für die allgemeine Detektion von Neuheiten, die natürlich lebenswichtig ist, ist ein viel größeres System zuständig, das aus parietalem Cortex und Frontalhirn besteht und dessen limbischer Teil (für die Überführung von Wichtigem ins Langzeitgedächtnis) der Hippocampus ist (*Knight & Nakada* 1998). Außer der automatischen Überwachung von Gefahren, die von Artgenossen ausgehen, gibt es in der Amygdala auch Nervenzellen, die Einfluss auf autonome Funktionen haben und für Geruchsauswertung zuständig sind (*Swanson & Petrovich* 1998).

Mit diesen Hinweisen wollen wir nicht sagen, dass das limbische System und der Hypothalamus unwichtig seien;

im Gegenteil, sie sind die **vitale Basis des Motivationssystems**, aber ihre Triebe und Bedürfnismeldungen (Hunger, Durst usw.) werden beim Menschen vom vernünftigen Willen geführt, so dass sie kulturverträglich mitwirken. Hilfsbereitschaft für Junge z.B. ist an sich ein biologischer Trieb, der älter ist als der Willenscortex des Menschen, aber auch hier zeigt sich die Überformung des Instinktes durch den Willen: menschliche Hilfsbereitschaft ist nicht einfach ein biologischer Trieb; Mitgefühl, Mitleid, Mitfreude, kurz: **Empathie** im humanen Sinne ist nicht möglich ohne Verstehen des Seelischen, ohne hochentwickelte cortikale Funktion, und bei dieser Teilfunktion unserer Willensbildung (heute Fähigkeit zur **theory of mind** genannt) ist (neben der vorderen-unteren Rinde des Schläfenlappens, die für das Erkennen von Gesichtern spezialisiert ist) der Präfrontalcortex im Spiel (*Goel* et al. 1995, *Farrow* et al. 2001, *Sabbagh* et al. 2004, *Iacoboni* et al. 2005). Warum ist das Verstehen des Seelischen frontal? Weil es zur Strategie und der Zusammenarbeit der Menschen gehört.

Es sind keineswegs alle Triebe phylogenetisch alte Regungen des limbischen Systems; kritischer **Wahrheitswille** von Forschern und Schöpfungsantrieb von Künstlern z.B. sind ohne den großen Assoziationscortex des Menschen nicht denkbar. Auch die triebhafte Bindung des Kleinkindes an die Mutter, die wichtig ist für die Bildung von **Vertrauen** und Gewissen, ist beim Menschen nicht einfach eine Funktion des limbischen Systems, sondern baut sich durch Mitwirkung des rechten Orbitofrontalhirns auf (*Schore* 2000).

Es wirkt aber nicht nur der vernünftige Wille auf die Disziplin der Triebe, es hört auch umgekehrt der Wille auf die Gefühle, z.B. ein so starkes wie **Liebe**, und das ist wichtig für die Kursstabilität im Leben. Wer nicht weiß, welche Menschen, Heimat, Überlieferung und Ziele er liebt, wird leicht zu Treibgut in den Strömen der Welt. Liebe ist Anker; wem er fehlt, ist in Gefahr, Histrioniker zu werden. Als es die Antidepressiva noch nicht gab, war es schrecklich, Depressive klagen zu hören, dass sie nicht mehr lieben können. Aber auch verehrende Liebe ist nicht eine automatische Regelung wie Durst, sondern entsteht unter Mitwirkung von Werturteilen des Frontalhirns. Sie ist humanisiert, personal, durch Geist vertieft. Es ist unsinnig, „Herz" gegen Vernunft auszuspielen: der Mensch braucht beides. Mangel an Mitgefühl sieht man oft; von Mangel an Vernunft war lange Europa geplagt, heute eher Afrika. Aber freilich spielen die inneren Dramen sich gerade im Ringen von Leidenschaft und Geistwillen ab.

Das limbische System und der Hypothalamus, die aminergen und cholinergen Kerne, das retikuläre Aktivierungssystem und der allgemeine Antrieb sind wichtig für den Willen. Bei beidseitigen kleinen Gefäßinsulten im Knie der inneren Kapsel, durch das **afferente Fasern** vom Thalamus zum Frontalhirn ziehen, gibt es Abulie mit Apathie und Somnolenz (*Tatemichi* et al. 1995, *Namekawa* et al. 1999). Sogar bei einseitigen Insulten in den intralaminären Thalamuskernen, die den **Antrieb vom retikulären System** des Hirnstamms zum Cortex bringen, gibt es Störungen der Aufmerksamkeit und leichtere Willensstörungen (*van der Werf* et al. 1999). In solchen Fällen findet sich auch infolge der verminderten Neurontätigkeit eine Minderdurchblutung des frontalen Cortex – eine Fernwirkung des Ausfalls der Afferenz. Für das Mutterverhalten ist die mediale präoptische Area des Hypothalamus wichtig (*Numan* 1994).

Einfluss auf den Willen hat auch der **circadiane Rhythmus**, der die Wachheit, die Stimmung, die Schnelligkeit des Denkens, die Willenskraft, das vegetative, endokrine und Immunsystem, die Körpertemperatur usw. beeinflusst. Der circadiane Rhythmus bestimmt, ob wir Frühaufsteher oder Morgenmuffel sind und wie lange wir am Abend ohne Mühe durchhalten. Der Taktgeber liegt bei Säugern im suprachiasmatischen Kern des Hypothalamus. Dessen Neurone werden mit der Erdumdrehung synchronisiert durch das Licht, wenn dieses eine gewisse Intensität überschreitet; dabei spielt das Melatonin eine Rolle. Für die Gesundheit des Körpers (z.B. der Immunabwehr) und der Seele einschließlich des Willens ist genug Schlaf wichtig und dafür Dunkelheit. Fernflüge über die Meridiane hinweg verstimmen die innere Uhr. Helles Dauerlicht wurde schon als Foltermethode eingesetzt.

Das **endokrine System**, auf das auch das limbische System Einfluss hat, ist wichtig nicht nur für das Sexualverhalten; ein Beispiel sind die **Östrogene**; sie haben eine antidepressive Wirkung, die sich bei manchen Frauen in einer Depression nach der Entbindung zeigt (die Placenta ist auch eine Hormondrüse). Östrogene wirken auch antipsychotisch (Frauen bekommen Schizophrenie später als Männer) und bieten etwas Schutz gegen Demenz (die Alzheimer-Krankheit ist bei Frauen ohne Östrogensubstitution nach dem Klimakterium doppelt so häufig wie bei Männern). Die Effekte von Steroidhormonen gehen teilweise über das Vasopressin im limbischen System (*deVries & Müller* 1998), das u.a. das Sozialverhalten und die Fähigkeit zur Freundschaft beeinflusst. Auf die Vertrauensbildung hat auch das Oxytocin Einfluss (*Kosfeld* et al. 2005). Unter- und Überfunktionen der Schilddrüse, der Nebennierenrinde und der Hypophyse können schwere psychische Störungen machen einschließlich Antriebsstörungen. Eine Hypothyreose verursacht Trägheit, eine Hyperthyreose Übererregbarkeit. Störungen des Antriebs können auch durch Infekte (zu denen auch viele chronische Ermüdungssyndrome gehören), durch Stoffwechselstörungen, latente Depressionen und Drogen- und Medikamentenwirkungen bedingt sein z.B. durch die Benzodiazepinabhängigkeit (*Binder* et al. 1984, *Kornhuber* 1988a). Organische Antriebsstörungen sind häufiger als Hemmungen durch neurotische Triebkonflikte.

Die häufigste vermeidbare **Müdigkeit** aber, vor allem bei älteren Menschen, wird durch das Essen größerer Mengen rasch resorbierbarer Kohlehydrate (z.B. Kartoffeln) hervorgerufen. Diese bewirken einen hohen Anstieg der Insulinsekretion, und das Insulin erleichtert dem (dabei mit andern Aminosäuren konkurrierenden) L-Tryptophan, einer essentiellen Aminosäure, das Passieren der Bluthirnschranke. Aus Tryptophan macht sich das Gehirn aber Serotonin, und dieses wirkt beruhigend und ermüdend. Der phylogenetische Sinn dieser Regelung ist vermutlich, dass das Gehirn, das normalerweise nur Traubenzucker als Energiequelle nutzt, nach einer großen Mahlzeit, die die prekäre Energieversorgung für einige Zeit sichert, das vegetative Nervensystem von der ergotropen auf die trophotrope Regelung umschalten kann.

Der Wille ist also selbstverständlich nicht allmächtig, aber er kann durch **weise Führung** und durch **Gebrauch von Hilfen** wie Schlaf, Bewegung, Gespräche, Arznei usw. uns helfen, Nöte zu überwinden, und umgekehrt ist hedonistische Selbstkorruption des Willens eine häufige Ursache von Abstieg und Siechtum. Das **Verhältnis von Vernunft und Gefühlen** und Antrieben ist bekanntlich komplex, wobei heute unter freudistischem Einfluss der Antagonismus überbetont wird. Meist tendieren sie zu Harmonie, wobei der Wille Anregungen der Gefühle aufnimmt und die Triebe sich in die vom vernünftigen Willen gesetzten Prioritäten fügen. Der Mensch ist trotz mancher Schwierigkeiten im Umgang mit sich selbst kein neurotischer Hirnkrüppel, sondern er ist so erfolgreich, dass er heute (in der westlichen Industriezivilisation) zu Arroganz neigt.

Es bringt nichts, **Unbewusstes** gegen Bewusstsein anzuführen. Im Gehirn ist jederzeit das meiste unbewusst, vieles davon aber bewusstseinsfähig. Bewusstes und Unbewusstes arbeiten immer zusammen, nicht nur im Traum, auch im Wachen. Das Gewissen z.B. kann uns aus Unbewusstem im Gedächtnis heraus mahnen, wird dabei aber bewusst, und es ist dann Aufgabe des vernünftigen Willens, daraus die Konsequenzen zu ziehen. Im Triebsystem sind gute Triebe (wie Fürsorge für Kinder) und kontraproduktive (wie Neid und Habgier); der Wille muss mit allen zurechtkommen und dabei Menschen gemeinschafts- und kulturfähig machen.

Freilich gibt es **niedriges Verhalten**, wenn Menschen sich von Instinkten wie Rachsucht, Neid, Eitelkeit, Habgier usw. überwältigen lassen, vor allem, wenn der vernünftige Wille geschwächt ist (z.B. durch Alkohol) oder durch Zusammenrottung ausgeschaltet wird. In unserer dekadenten Gesellschaft grassiert Heuchelei, die die Indienstnahme des intelligenten Willens durch Hedonismus tarnt. Hier zeigt sich die Kehrseite einer Tatsache, die auch eine Stärke des Menschen ist, dass er nämlich ein Familienwesen ist; die unvollständige Gehirnentwicklung bei der Geburt und die lange Kindheit erfordern es, und die Evolution der Zusammenarbeit als sozialer Jäger hat den **Gruppeneinfluss** verstärkt. Die Gruppendynamik geht bis ins Wahrnehmen, Denken, Glauben und Meinen; *S. Asch* (1951) und *Elisabeth Noelle* (1980) haben diesen Einfluss erforscht. Es ist ein Zeichen von Willensstärke, der Wahrheit folgend unabhängig im Denken zu sein. Die Anpassung der Überzeugung an die Gruppe, der **Konformismus**, hat zwar auch genetische Grundlagen, ist aber vor allem ein Lernprozess. Je schwächer das Selbst, desto konformistischer (*Hinkle & Wolff* 1957), und desto rigider wird an Indoktrinationseffekten festgehalten. Das gilt nicht nur in totalitären Staaten, das ist tägliche Wirklichkeit auch in Demokratien mit ihren elektronischen Massenmedien. – Zur Wirkung von Gruppendruck und Indoktrination auf den Willen, das Selbst, siehe *Kornhuber* 1961.

Die bei manchen Menschen infolge von ungünstigen Genen, missglückter Erziehung usw. disharmonische Zusammenarbeit von limbischem System und Präfrontalcortex kann auch zur **Selbstkorruption** (*Janzarik* 1993) führen, so dass der intelligente Wille zum Komplizen krimineller Strebungen absteigt. In der **forensischen Psychiatrie** wird dies heute nicht mehr nur nach der Einwirkung psychotischer Störungen beurteilt, sondern differenziert nach Lebensgeschichte, Situation, dem Handeln vor und nach der Tat beurteilt: Vorbereitung, planvolles Vorgehen, selbstbeherrschtes Abwarten, absichtliche Verwischung von Spuren usw. Es wird nicht nur die An- oder Abwesenheit eindeutig psychotischer Störungen als Grundlage von Schuldfähigkeit untersucht, sondern es werden auch positive Zeichen der Selbststeuerung beachtet (*Janzarik* 2000). Und selbstverständlich werden verführte Kinder und unreife Jugendliche milder beurteilt als planvoll vorgehende erwachsene Verbrecher.

Was das **Strafrecht** angeht, halten wir Vergeltung im Sinne von Wiedergutmachung von Schaden für sinnvoll, und an **Verantwortlichkeit** und Schuld in begründeten Fällen (d.h. in der Regel) halten wir fest. Strafe als Mittel der Prävention, der Erziehung und der Aufrechterhaltung der Rechtsordnung ist nicht entbehrlich, wie wenig sinnvoll im Einzelnen der Strafvollzug in seiner heutigen Form auch teilweise erscheint und obwohl für die Prävention die Aufklärungsquote wichtiger ist. Aber im Recht geht es nicht nur um Einzelpersonen; der Mensch ist ein Gemeinschaftswesen, er wird Mensch durch Zusammenarbeit. In der Rechtsordnung geht es um Vertrauen, das Gesellschaft und Humanität ermöglicht. Man muss auch bedenken, dass Rechte immer mit Pflichten zusammenhängen. Es ist kein Zufall, dass in der Aufklärungszeit die Willensphilosophie einen Höhepunkt erreichte: damals wurden auch die Menschenrechte deklariert. Streichung der Willensfreiheit samt Verantwortlichkeit würde uns vor die Aufklärung zurückwerfen. Vielleicht sollte das Strafrecht mehr als bisher nicht nur die momentane Schuld sehen, die in der Tat liegt, sondern auch den Mangel an eigenem guten Willen, der zum Werden des Tätercharakters beigetragen hat. Auf diesem schwierigen Gebiet wird es immer auch Irrtümer geben, und zwar nicht nur durch Unkenntnis und Mangel an Wahrheit, sondern auch durch zu große Schärfe, zu große Milde, Opportunismus, Mediendruck usw. Kinder von schizophrenen Müttern z.B., die nicht manifest psychotisch sind, werden doch viel öfter eingesperrt als vergleichbare Personen der Durchschnittsbevölkerung (*Heston* 1966).

Der Weg, solche Probleme zu mildern, ist aber nicht, jedermann für unzurechnungsfähig zu erklären, sondern mehr für **Prävention** zu tun, z.B. durch Erziehung, Arbeitsbeschaffung usw., auch durch Arznei-Hilfe bei gewissen Persönlichkeitsstörungen, frühere Erkennung und Behandlung von Psychosen und durch eine Gesundheitsabgabe auf **Alkohol**. In der Prohibitionszeit in USA verschwand die Übersterblichkeit der Männer, die großenteils an alkoholbedingten Gewalttaten, Unfällen, Krebserkrankungen und Leberzirrhosen liegt (*Kornhuber* 2001), und in der Gorbatschow-Prohibition in der Sowjetunion sank nicht nur die Kriminalität, sondern auch die Mortalität der Russen, und zwar binnen dreier Jahre auf die Hälfte, und die Übersterblichkeit der Männer ging zurück (*Leon* et al. 1997, *Shkolnikow* et al. 2001); man muss dazu nicht Zwang anwenden: höhere Besteuerung des destruktiven Konsums ist wirksam. Prävention fängt vor der Geburt an, denn der Alkohol und das Zigarettenrauchen wirken auf das Gehirn in der Schwangerschaft: viele Kinder werden heute mit **Aufmerksamkeitsdefizit-Hyperaktivitätssyndrom** (ADHS), einer Willensstörung, geboren infolge Alkohol- und Zigaretteneinwirkung während der Schwangerschaft (*Kotimaa* et al. 2003, *Rowland* et al. 2002, *Mick* et al. 2002, *O'Malley & Nanson* 2002). Wir haben heute ein halbes Prozent Kinder mit dem vollen fetalen Alkoholsyndrom (mit Intelligenzminderung), das vor 1968 so selten war, dass es der Wissenschaft nicht bekannt war, und etwa fünf Prozent mit Aufmerksamkeitsdefizit, und wir haben etwa fünfzehnmal mehr Frauenalkoholismus als vor 1968 (*Kornhuber & Füchtner*) – ein dramatischer Freiheitsverlust. Seit 1968 rauchen auch die Mädchen mehr (*Kornhuber* 1982), jetzt ebensoviel wie die Jungen. Der Alkoholismus der Mütter und der Kinder hat so zugenommen, dass es jetzt schon junge Menschen mit Altersdiabetes gibt. Wir haben nun in Deutschland mehr als 100 000 alkoholsüchtige Jugendliche und jährlich 25 000 Krankenhausbehandlungen von Jugendlichen wegen akuter Alkoholvergiftung. Die tiefere

Ursache war der Rückgang der Verantwortung für Kinder infolge der „Pille" (seit 1965), der Auslöser war der Vietnamkrieg, die Ideologie des hedonistischen Freudomarxismus von 1968. Das ADHS ist nicht nur bei Kindern eine schwere Störung, sondern beeinträchtigt den Willen auch im Erwachsenenalter; es zeigt sich in Tests als Frontalhirnstörung (*Lovejoy* et al. 1999) und führt oft zu Alkoholismus, Drogenabhängigkeit und Kriminalität (*Molina* et al. 2002, *Tapert* et al. 2002). Alkoholismus und Diabetes führen zu früher Demenz.

Wie bildet sich Wille beim Kind? Er braucht länger als die Sinne, weil der frontale Cortex am längsten Zeit benötigt, um Dendriten und Synapsen zu bilden. Die Nervenzellen des frontalen Cortex sind beim Säugling zwar schon da, aber ihre Tätigkeit (gemessen am Glukoseverbrauch) ist noch ganz gering. Zwischen dem 6. und 9.Monat beginnt die delayed response zu funktionieren, ein Zeichen, dass das Arbeitsgedächtnis im präfrontalen Cortex seine Tätigkeit aufnimmt; von da an nimmt der Glukoseverbrauch zu (*Goldman-Rakic* 1987). Der Wille erwacht erst um das dritte Lebensjahr, zuvor haben die Eltern schon durch Ermutigung, Lob und Tadel, Liebe und Festigkeit erziehend gewirkt. „Die Eltern haben die Pflicht und das Recht, für die körperliche, geistige und insbesondere auch sittliche Ausbildung des Kindes zu sorgen" (Motive zum Bürgerlichen Gesetzbuch 1888, vgl. *Brezinka* 1987). – Und die Kinder haben das Recht, so ist im Sinne von *Pestalozzi* zu ergänzen, eine Erziehung ihres Geistes und Willens zu erhalten; es hat sehr lange gedauert, bis die Rechte von Kindern anerkannt wurden. – Die weitere Entwicklung vollzieht sich unter der Mitwirkung der willentlichen Eigenaktivität des Kindes und Jugendlichen, wobei der Wille sich selbst ermutigt durch Tun mit Erfolg. Die Ausbildung der Verbindungen im Frontalhirn zieht sich weit ins Erwachsenenalter hin, und neue Synapsen können noch im Alter gebildet werden. Die sehr lange Kindheit mit hoher Bildbarkeit der Gehirnstrukturen durch Lernen und der Einfluss der Kultur, vor allem der Familie darauf ist eine entscheidende Stärke des Menschen. Ein Küken kann gleich nach dem Schlüpfen laufen und picken und sieht die Körner; ein Kind braucht drei Jahre, um einen Löffel ohne zu verschütten zu benutzen und noch viel länger, seinen Willen zu entwickeln. Wie zuvor das Kind sich gefreut hat, das Krabbeln, das Laufen und das Werfen zu lernen und dies mit Lust immer wieder geübt hat, so übt es nun seinen Willen, und zwar teilweise auch durch Nein-Sagen; das ist das **„Trotzalter"**. Kinder, die mit 6-7 Jahren willensschwach sind, haben zu 80 % eine solche Phase der Negation nicht durchgemacht, so *Hildegard Hetzer* 1987. Dieser Wille darf nicht gebrochen, er muss ermutigt und mit Liebe, Vorbild und Festigkeit zu Vernunft und Echtheit geführt werden. Dass Selbstbeherrschung, Sorgfalt, Verantwortungsbewusstsein und Entschlusskraft Tugenden sind, die ihren Lohn in sich tragen, muss das Kind entdecken. Arete, virtus, Tugend, sittliche Tüchtigkeit wurde genannt, was meint: die Grundhaltung des Gutseinwollens. Nicht Verwöhnung, sondern Anregung tut not, aber mit Wohlwollen, mit Anerkennung des Guten, mit Stete.

Die Unterschiede im Willen sind viel größer als im Gehen oder in der Intelligenz, und diese Unterschiede in der Selbstbeherrschung, der Fairness und Tiefe spielen eine große Rolle auch bei Aufgaben, die oft als rein kognitive angesehen werden (*Lee* et al. 1983). **Frontalhirntests bei Kindern** zeigen, dass die Funktionen der willentlichen Aufmerksamkeit, der Selbstkontrolle usw. vom zweiten Lebensjahr an kontinuierlich besser werden (*Espy* et al. 1999). Dass ein Kind mit fünf oder sechs Jahren schulreif wird, hängt an der **Selbstorganisation des Willens** durch Spiel, Tun, Lernen, Probieren und Sich-Ziele-Setzen. Ein visueller Suchtest, bei dem das Ziel unter ablenkenden Reizen gefunden werden muss, ein Konzentrationstest also, erreicht bereits mit fünf Jahren die Leistung von Erwachsenen. Im Tower of Hanoi-Test (allerdings nur mit drei statt vier Scheiben) wird die Leistung von Erwachsenen bereits mit sechs Jahren erreicht, im Wisconsin Card Sorting-Test mit zehn Jahren, im Tower of Hanoi-Test mit vier Scheiben aber erst im Erwachsenenalter (*Welsh* et al. 1991). Bedeutende Fortschritte in den Leistungen bei Frontalhirnfunktionstests werden erst in der Pubertät gemacht (*Levin* et al. 1991). Der Wille braucht, wie die Fasern, Dendriten und Synapsen im Frontalhirn, viele Jahre zur vollen Selbstorganisation. Die Funktionen der hinteren Hirnlappen, Wahrnehmung und Sprache, reifen durch spielendes Lernen, ermutigt durch die Eltern, früher als der Wille, und die dadurch mögliche Kommunikation mit den Erwachsenen und ihrer Besonnenheit hilft dem Willen bei seiner Entwicklung. Die Kinder suchen ihrem Willen aber auch selbst durch Aktivität hinterer Hirnlappen zu helfen, unter anderem, indem sie mit sich sprechen. Dieses Lautwerden des inneren Dialogs gibt es wieder bei älteren Menschen mit beginnender Abnahme von Gedächtnis und Planung; und **verbale Selbstermutigung** ist auch ein Mittel der Psychotherapie. Bei Kleinkindern fällt ein Frontalhirnschaden, weil der Wille noch unentwickelt ist, zunächst manchmal nicht auf, macht sich dann aber zunehmend deutlich bemerkbar als Willensstörung (*Eslinger* et al. 1992, *Anderson* et al. 2000). Besonders wenn die Selbstkontrolle des Verhaltens, eine Schlüsselfunktion (für die besonders der rechte Frontallappen wichtig ist), gestört ist, kann es viele Folgeprobleme kognitiver und sozialer Art geben (*Jacobs & Anderson* 2002).

Die **weitere Willensbildung** erfolgt vor allem durch Lernen von **Vorbildern**, denen sich Kinder und Jugendliche anschließen, aber auch durch freiwillige Zielsetzungen, durch Selbstherausforderung, eigene Anstrengung, Selbsterkundung und Selbstfindung durch Sinnglückserleben, durch Erfahrung und Kommunikation. Mit Drill ist da wenig auszurichten, denn er verhindert die Eigeninitiative: daher die maieutische (geistig-geburtshelferische) Methode des *Sokrates*, die auf Anregung des tieferen Denkens und der Willensbildung durch den Menschen selbst zielt, und das Prinzip der Freiheit im Bildungssystem *Humboldts*. Dazu gehören natürlich eigene Versuche, Lernen aus Irrtum und Erfolg, Zusammenarbeit, platonische Begeisterung wie aristotelische Übung. Konzertpianisten und Leistungssportler wissen, wie viel Übung nötig ist, Leistung mit scheinbarer Leichtigkeit zu erreichen. Aber der Funke zu jenem Ernst mit Begeisterung, der Menschen mit geistigem Willen eigen ist, springt oft erst über im vertrauten Gespräch, wie *Platon* im siebenten Brief schrieb. Was Sokratische Erziehung ist, wurde wiederentdeckt durch *Kierkegaard*, man findet es zusammengefasst bei *Jaspers* (1977). Den Imperativ der Selbstbildung des Willens prägte *Pindar* in dem berühmten Vers: Werde, der du bist. Worauf es ankommt ist: die Herausforderungen tätig anzunehmen, aber sich nicht korrumpieren zu lassen. Das Vorbild in der Antike war *Herakles*, das Idealbild in der Goethezeit Iphigenie.

Zum Denkenlernen gehört wie zum Wollen Mut. Diesen **Mut lernen Kinder** (zum Teil auf Anregung) **durch eigenes Tun**, und sie lernen zur Selbststeuerung auch **Normen und Werte zu achten** und gewinnen so an Freiheit durch Fähigkeit zur Zusammenarbeit. Der Wille ist nicht nur ein Hemmer, sondern auch ein Entdecker, Weiterführer und Vollender. Dabei bewahrt er uns vor Chaos durch Bindung an Ordnungen, die nicht durch Zwang erreichbar sind, solange die Überzeugungen kontrovers bleiben, sondern nur durch Einsicht und Gutwilligkeit wenigstens der meisten. „Die sittliche Tugend" sagte *Aristoteles*, (und das ist auch ein antiker Begriff für den vernünftigen Willen) „erwächst aus der Gewöhnung. Die Tugenden werden uns weder von Natur noch im Widerspruch zur Natur zuteil, sondern wir sind von Natur dazu veranlagt, sie uns anzueignen, bringen sie aber nur durch Gewöhnung zur Vollendung … Wir werden gerecht dadurch, dass wir gerecht handeln, und tapfer dadurch, dass wir tapfer handeln" (Nikom. Ethik). Was schon *Demokrit* und *Kungtse* gesehen hatten, hat die Pädagogik der Neuzeit seit *Pestalozzi* und *Fröbel* bestätigt: Bloßes Reden hilft wenig; wirksam sind Vorbild und Liebe. Eine

Untersuchung unter Managern zeigt, dass die Vorbilder nicht unter Figuren des öffentlichen Lebens gefunden werden, sondern meist im privaten Bereich; was dabei überzeugt, ist persönliche Integrität und Professionalität (Accenture-Studie 2005).

Auch in der **Therapie** geht es um Willen und die dazugehörige Einsicht, z.B. bei Sucht, Phobie und Zwang (*Süllwold* 1977) oder Depression. Willensklarheit, Selbstmotivation, Ins-Reine-Kommen mit sich selbst sind große Themen der Psychotherapie, auch versteckt im Begriff Sinn (in der Logotherapie von *Viktor E. Frankl*). „Ist man über das Warum seines Lebens mit sich im Reinen, so gibt man dessen Wie leichten Kaufs dahin" sagte der Willensphilosoph *Nietzsche.* Dann gilt, was *Dostojewski* über seine sibirische Haft schrieb: „Ja, zäh ist der Mensch. Er ist ein Geschöpf, das sich an alles gewöhnt und dies ist, glaube ich, die treffendste Bezeichnung für ihn". Dass seelische Belastungen und Schicksalsschläge sowohl schwere cyclothyme Depressionen als auch Neurosen auslösen können, ist sicher (*Kornhuber* 1955, 1962), auch dass dabei die Weise der seelischen Verarbeitung, die willentliche Zukunftsorientierung eine Rolle spielt (*Allport* et al. 1941), obwohl klar ist, dass es sich bei schweren **Depressionen** und bipolaren Störungen um organische Gehirnkrankheiten handelt (*Baumann & Bogerts* 1999), und eine genetische Vulnerabilität mitwirkt. Man kennt jetzt auch wenigstens einen Mechanismus, durch den Stresshormone zur Depression führen: die Hemmung neurotropher Vorgänge und des Nachwachsens von Nervenzellen im Hippocampus. Dies ist wahrscheinlich der Grund, warum Antidepressiva etwa zwei Wochen brauchen, bis ihre Wirkung sich in Stimmungsaufhellung zeigt (*Malberg* 2004). Bei Altersdepression besteht gewöhnlich eine leichte Hirnatrophie (*Schweitzer* et al. 2001), offenbar infolge von Mikroangiopathie. Wenn nicht aktiv behandelt wird, sind diese Depressionen, die mit Aktivitätsminderung einhergehen, ein Risiko für Demenz. Willenslähmung ist ein Teufelskreis, er kann durch die Fernverbindungen des Frontalhirns

(*Price* et al. 2001) das ganze Gehirn hemmen. Schon durch Ermutigung der Hoffnung, es zu schaffen, kann man Süchtigen und von Depressionsrückfall Bedrohten helfen, auch durch Gewöhnung an tägliche Bewegung im Sonnenlicht. Schon *Nietzsche* und *Griesinger* kannten die **willensstärkende** und **antidepressive Wirkung** solcher **Eigenaktivität**. Die kontrollierte Wissenschaft hat diese Eindrücke bestätigt (*Taylor* et al.1985, *King* & Mitarb. 1989). Inaktive entwickeln doppelt so häufig Depressionen wie Menschen, die sich regelmäßig im Freien bewegen. Nichtaufgeben ist die erste Regel, Klarheit suchen die andere; beide richten sich an das Wollen. Die Vertiefung des Willens durch **Konzentration** ist alte Weisheit der Ärzte, Philosophen, Mönche und Samurai. Die Meister des Buddhismus haben dazu eine eigene Lehre ausgebildet: **Zen**, Selbstbefreiung durch Konzentration, aber ohne Selbstbezogenheit, mit entspannender Harmonie, die in Japan Grundlage der geistigen Elite wurde mit Wirkungen bis in die Malerei. *Goethe* traute dem Willen Einfluss auf das Immunsystem zu: zu einer Situation mit Ansteckungsgefahr sagte er (zu *Eckermann* am 7.4.1829): „Es ist unglaublich, was in solchen Fällen der moralische Wille vermag! Er durchdringt gleichsam den Körper und setzt ihn in einen aktiven Zustand, der alle schädlichen Einflüsse zurückschlägt." Selbstverständlich spielt der Wille im Sport eine entscheidende Rolle, auch im Management, auch in der Forschung. Die Sportler sprechen oft von Konzentration, aber auch die **Ausdauer** und das **Ertragen** von Schmerzen sind wichtig. In der Therapie muss das Vertrauen in Selbsthilfe und in die Selbstkontrolle dazu geübt werden, z.B. es sich nicht zu vertuschen, wenn ein Rückfall in Depression droht, sondern gleich die Therapie wieder aufzunehmen. Noch stärker als körperliche wirkt geistige Aktivität auf das Gehirn entwickelnd, erhaltend, antidepressiv und vorbeugend gegen Demenz.

Auch **durch Hirnläsion willensgeschwächten Patienten** kann durch gezielte Übung geholfen werden (*Levin* et al. 2000). Chronische Alkoholiker haben oft eine Willensstörung (*Ihara* et al. 2000), was ihre dauerhafte Entwöhnung erschwert. Es war für sie schädlich, dass die Therapeuten den Glauben an Willen verloren hatten und dieser Aufgabe auswichen. Zur Stabilisierung und langfristigen Ermutigung müssen auch nicht-professionelle Personen geworben werden; Selbsthilfegruppen sind wichtig. Bei Kindern ist für die Therapie selbstverständlich die Mitwirkung der Eltern wichtig, vor allem der Mutter. Dass solche Mütter-Therapie (unter Anleitung von Lehrern) bei den häufigen Sprachstörungen von Kindern sehr wirksam sein kann, wurde durch einen (mit großer Vergleichsgruppe kontrollierten) Versuch erwiesen (*Bechinger* et al. 1984). Dass der orbitofrontale Cortex eine wesentliche Rolle bei der Sucht spielt, wurde durch bildgebende Verfahren erhärtet (*London* et al. 2000). Die Ermutigung von Willen, Selbstdenken und Selbstvertrauen ist eine Kernaufgabe aller Erziehung, besonders aber bei behinderten Kindern.

Stärkung des Willens durch Tun ist auch ein Grundprinzip der **Rehabilitation** durch Übung nach Verletzung, z.B. nach Schlaganfall, aber auch nach Verletzungen oder Entzündungen des Rückenmarks, die zur neurogenen Blasenstörung führen, einer sehr belastenden Störung. Die häufigste Ursache ist die Multiple Sklerose. Früher starben diese Patienten zum Teil an der von der Harnblase aufsteigenden Nierenentzündung, dann wurden Dauerkatheter gelegt, die aber zur chronischen Blasenentzündung führen. Man muss den Willen zur Selbsthilfe stärken und die Patienten und ihre Angehörigen das sterile atraumatische Selbstkatheterisieren mit Einmalkathetern lehren, dazu das Blasentraining und die Restharnkontrolle mit Ultraschall, denn die Störung neigt zum Rückfall durch Restharnbildung und Überdehnung der Blase (*Kornhuber & Schütz* 1990). Auch bei chronisch psychisch Kranken ist Willensstärkung durch Eigentätigkeit wichtig; ein früher Pionier auf diesem Gebiet war *Simon* (1927/29) mit der Arbeitstherapie. Kürzlich wurde gefunden, dass man deren günstige

Wirkung durch zusätzliche neurokognitive Verstärkungsübungen noch verbessern kann (*Bell* et al. 2001). Auch das Arbeitsgedächtnis bessert sich dabei.

Nicht nur in der Therapie, sondern auch in der **Prävention**, die aktive Mitwirkung des Patienten durch **Diät und Bewegung** braucht, ist Willensübung gefordert, z.B. bei Bluthochdruck, Übergewicht, Diabetes, nach Herzinfarkt usw. Und wie bereits betont geht es um Willen und seine Ermutigung bei der **Entwöhnung von Suchten** (einschließlich des Zigarettenrauchens). Je schwächer der Wille, desto mehr ist die freie Selbstbestimmung des Menschen gefährdet, vor allem also in der Kindheit und Jugendzeit. Da setzen die **Verführer** an, die auf **Willensschwächung** zielen und heute kommerziell organisiert sind: Alkohol, Zigaretten, Drogen; beginnend mit zwölf Jahren (*Kornhuber* 1982); Dealer vor Schultoren und in Diskotheken. Auch unter den Sekten gibt es einige, die Willensschwächung durch Abhängigkeit anstreben. Die Suchten sind heute ärger als die Psychosen, seit es Neuroleptica und Antidepressiva gibt. Heroin trägt auch zur Übertragung des HI-Virus bei. Ein Teil der Menschen in der neuen Unterschicht, die den Willen zum Besseren verloren haben, sind durch Drogen abgesunken. Ihr Wille ist nicht durch Arbeitslosigkeit, sondern durch toxische Hirnschäden gebrochen. Ihre Familien leiden mit.

Suchtstoff und Freiheitsfeind Nr. 1 ist in Europa der **Alkohol,** dessen Gefährlichkeit mit Unrecht kleingeredet wird (*Kornhuber* 2001). Unter anderem ist er Mitursache für Bluthochdruck, Diabetes, Schlaganfälle, Demenz, Unfälle, Gewalt, Straftaten und Hirnschäden schon vor der Geburt. Eine ähnliche schädliche Wirkung auf die Gehirnentwicklung hat das Rauchen in der Schwangerschaft. Man glaubt irrig, der Alkohol sei ein Mittel zur Entspannung; tatsächlich ist er eine der vermeidbaren Hauptursachen von Stress, denn er steigert Puls und Blutdruck; der falsche Eindruck der Entspannung entsteht durch Enthemmung. Zur **Stressbewältigung** ist es besser zu wandern, zu schwimmen, zu malen, zu schlafen und in Ruhe noch einmal gründlicher nachzudenken. Tranquilizer wie Benzodiazepine dagegen sind nicht harmlos, sie haben Suchtpotential (*Binder* et al.1984, *Kornhuber* 1988a). Die legalen Drogen, die von der mächtigen Werbewirtschaft geliebt werden und vor denen die Politparteien in Deutschland die Augen verschließen, sind auch ein schlechtes Vorbild der Erwachsenen für die Jugend; sie ebnen die Wege zu Cocain und Heroin. Ein anderer, noch zu wenig beachteter Punkt ist die **Arbeitslosigkeit** infolge der **Suchtstoffabhängigkeit**. Daraus entwickelt sich ein langanhaltender Circulus vitiosus: die Arbeitslosigkeit verschlimmert die Mutlosigkeit, und diese erschwert den Ausbruch aus der Sucht. Bevor es wirksame Arzneien gegen Depressionen, Angststörungen und schizophrene Psychosen gab (etwa bis 1955), waren diese vorwiegend genetisch bedingten Krankheiten die wichtigsten Willensstörungen. Die Lebenszeit-Prävalenz für Depressionen liegt bei 12 % oder höher, für Angststörung insgesamt (ein heterogenes Gebiet) ähnlich hoch. Die Suizidrate war beträchtlich, auch bei Schizophrenie, die weniger häufig, aber oft chronisch war. Jetzt sind die Suchten das größere Problem, besonders wenn man die Nikotinsucht und die Niedrigdosisabhängigkeit von Alkohol dazu zählt, die mehr Schäden macht als die viel beachtete Hochdosisabhängigkeit, weil sie zwanzigmal häufiger ist. Außerdem ist es gerade die Niedrigdosisabhängigkeit (die als „psychische" Abhängigkeit heruntergespielt wird), die Jahre andauert, während die körperliche Abhängigkeit, die nach Alkoholentzug zu Tremor führt, binnen Tagen aufhört. Sie hat auch eine andere Neurochemie: nicht aminerge Transmitter und Rezeptoren spielen die Hauptrolle, sondern eine Sensibilisierung glutamaterger Informationsübertragung im mesolimbischen System (*Schmidt* 2000), die vor allem für die Kontextabhängigkeit des Verlangens verantwortlich ist. Acamprosat, ein Arzneimittel, das Rückfälle weniger wahrscheinlich macht, setzt am glutamatergen System an.

In Zukunft werden infolge der zunehmenden Langlebigkeit die **Demenzen** das Hauptproblem, auch sie z.T. durch den „normalen“ Alkoholkonsum (*Fratiglioni* et al. 1993, *Yoshitake* et al. 1995) bedingt, u.a. durch Erhöhung des Blutdrucks und des Homocysteinspiegels (*Bleich* et al. 2001) sowie durch Insulinresistenz (*Boden* 1993) und Diabetes (*Kornhuber* 2001). Ohne Gedächtnis wird Wille ratlos. Die Prävalenz von Demenz beträgt bei 65-jährigen etwa 3 %, darüber verdoppelt sich die Prävalenz alle 5 Jahre. Die durchschnittliche Lebenserwartung steigt in Europa jährlich um ein Vierteljahr. Ausgelöst wird der Circulus vitiosus der Amyloidablagerung durch Mikroangiopathie, die im Gegensatz zum Schlaganfall unbemerkt bleibt (*Kornhuber* 2004). Alle Risikofaktoren für die Alzheimer-Demenz jenseits des 65. Lebenjahres sind Ursachen von Mikroangiopathie.

Störungen, die den Willen betreffen, machen einen großen Teil der **neuropsychiatrischen Krankheiten** aus. Der neuropsychiatrische Bereich aber hat viel größere **volkswirtschaftliche Bedeutung** als der Öffentlichkeit bewusst ist, besonders wenn man den Arbeitsausfall und Pflegeaufwand mitzählt. Die Kosten liegen für Europa jetzt wahrscheinlich bei 600 Mrd. Euro pro Jahr (CDBE 2005). Mit Therapie allein ist dieses Problem nicht zu lösen; wir brauchen viel wirksamere **Prävention**. Dabei spielt die Willensbildung die entscheidende Rolle.

Behinderte Menschen, z.B. infolge frühkindlicher Hirnschäden, haben oft noch mancherlei Chancen, sich zu entwickeln und Wertvolles beizutragen, wenn man ihnen hilft (*Hellbrügge* 1981) und wenn sie das mögliche Positive ergreifen und mit eigenem Willen etwas Gutes aus ihren Fähigkeiten machen. Man lese z.B. den bewegenden Vortrag des Psychiaters *Peter Willers Jessen* auf der Versammlung der Gesellschaft Deutscher Naturforscher und Ärzte 1846 in Kiel. Damals waren die psychisch Kranken noch von den Gesunden isoliert in Anstalten, und die Irrenärzte lebten dort mit ihnen. „Ich bekenne frei, dass ich Gemütskranke im allgemeinen höher achte als andere“ sagte er.

Es gibt auf allen Ebenen der Gesellschaft einen **humanen Adel, der aus langem guten Willen** entsteht (*Korn-*

huber 1992). *Kungtse* hat dies gelehrt; der Edle war ein Hauptbegriff bei ihm: nicht Geburtsadel, sondern der Mensch, der sich selbst zur Güte erzogen hat. Bei den Stoikern war es der Weise. Die empirische Sozialforschung spricht von starken Persönlichkeiten, die in ihrem Kreis auch Meinungsführer sind, unabhängig von der sozialen Schicht (*Noelle* 1997). Die Jugendpsychologie hat gefunden, dass die Vorbildlichkeit der Anführer von Jugendgruppen in natürlicher Autorität, im Einsatz für die Sache und in Echtheit besteht.

In der inneren Führung durch Willen im Bunde mit der schöpferischen Fähigkeit des Frontalhirns liegt Freiheit zu neuen Lösungen, **Freiheit** nicht gegen, sondern **mit der Natur**. Ausstieg aus der Natur ist unmöglich; auch für geistige Tätigkeit, die ja Informationsverarbeitung durch Ordnungsänderung ist, ist Energie nötig. Der Wille steht nicht über dem Gehirn, der Geist sitzt nicht hinter dem Gehirn. Bei einer Verletzung der Retina des Auges z.B. sieht das Sehhirn (der visuelle Cortex) den Defekt als dunkles Skotom. Hingegen wird ein akuter Ausfall der ganzen Sehrinde (durch bilateralen Gefäßinsult der Arteria calcarina) nicht wahrgenommen: der Patient ist blind, ohne dies zu sehen (Rindenblindheit, auch Seelenblindheit genannt). Er leugnet dann seine Erblindung und erfindet etwas, wenn man ihn nach dem Wetter fragt. Erst nach Tagen oder Wochen lernt er, dass mit seinem Sehen etwas nicht stimmt, aber wahrnehmen kann er es nicht, im Gegensatz zu einem Loch in der Retina. **Das Seelische** lebt nicht außer dem Gehirn, sondern es ist der **Innenaspekt der Informationsverarbeitung im Menschengehirn**; das bewusste Sehen ist beim Menschen eine Funktion der Hirnrinde (bei den Fröschen noch eine Funktion des Tektum opticum des Mittelhirns, aber sie haben auch kein dem Menschen ähnliches Bewusstsein). Ähnlich ist es mit dem Gewissen: wenn es durch Läsion des Frontalhirns verschwindet, merkt der Mensch den Verlust zunächst nicht; er kann sich sogar fröhlich einer Witzelsucht hingeben, durch leidvolle Erfahrung und Übung kann er aber einsichtiger werden.

Eine Störung des Bewusstwerdens von kognitiven Defekten bei Hirnläsionen, **Anosognosie**, hält länger an bei Läsionen des Parietallappens (*Stuss & Benson* 1986), am längsten aber nach Ausfällen im präfrontalen Cortex, und zwar sowohl im orbitalen als auch im dorsolateralen (*Benson & Stuss* 1990), was auch bei Alzheimer-Demenz bestätigt wurde (*Reed* et al. 1993). Freilich gibt es auch eine psychologische Tendenz, sich Probleme zu verschleiern, aber eine organische Willensstörung erschwert es dem **Wahrheitswillen**, zur **Einsicht** zu kommen und die Herausforderung anzunehmen, was für Therapie und Prävention wichtig ist (*Flashman* 2002).

Ein Konzept, nach dem der **Geist** als ein vom Gehirn unabhängiges Wesen gedacht wird, geistert seit *Platon* durch die Theorien, und man hat ihm, dem Großen und Lauteren geglaubt, zumal er es mit der Unsterblichkeit verband. Sogar *Leibniz* (Monadologie), der sich doch mit Computern auskannte, meinte, der Geist könne doch nicht einfach aus der Zusammenarbeit der Teile im Gehirn hervorgehen. Platons Theorie ruft noch heute, obwohl sie inzwischen viel abstrakter geworden ist, den Widerstand von Realisten hervor, die dann zuweilen dazu neigen, mit diesem Substanz-Geist auch die Freiheit über Bord zu werfen. Großen Einfluss gewann er absurderweise in der Neuzeit durch einen wissenschaftlich denkenden Kopf, der sich in seinem Zweifel allein auf das Bewusstsein seines eigenen Denkens verlassen zu können meinte: durch die dualistische Philosophie von *Descartes* (1641). Der **Körper**, sagt dieses Konzept, sei **räumlich**, der Geist aber nicht. Die **Zeitlichkeit** wird dabei diesem Geist nicht ganz abgesprochen, denn er soll ja in der Zeit auf den Körper wirken, aber seine Zeitlichkeit ist ganz abstrakt, offenbar ist er noch schneller als das Licht. Auf den wirklichen Menschengeist trifft das aber nicht zu. Nicht nur unsere Wahrnehmungen, auch unsere Vorstellungen können durchaus räumlich sein, obwohl freilich **unser Geist** eine **Tendenz zur Einung** hat – offenbar weil dies phylogenetisch vorteilhaft war für das Überleben, denn Uneinigkeit hemmt das Handeln. Sogar wenn ein Mensch (nach einer Operation, die die Verbindungsfasern beider Großhirnhemisphären im Balken durchtrennt) in gewissen experimentellen Situationen nachweislich zwei unabhängige Bewusstseinsströme zeigt (*Sperry* 1974), merkt er diese Spaltung nicht, sondern fühlt sich als Einheit. Dennoch, ohne Räumlichkeit kommt der Geist in einer räumlichen Welt nicht aus. Nicht nur unsere Wahrnehmungen, auch unsere Vorstellungen haben oben und unten, vorn und hinten. Dass unser Denken Zeit braucht, merken wir zwar, aber wie das Verhältnis von Bewusstsein und Zeit ist, bleibt uns weitgehend verborgen.

Die platonisch-christliche Vorstellung ist, dass die Aktivität des Geistes der des Gehirns vorausgeht, aber da der Geist immateriell und das heißt auch ohne physische Energie sein soll, ist dies nicht möglich, denn Geist ist Ordnung, und Ordnungsänderung braucht Energie. Er könnte – theoretisch – höchstens vielleicht gleichzeitig sein, faktisch aber **folgt das Bewusstsein** hinter den meisten Hirnaktivitäten ein wenig **nach**, weil es einen großen Aufwand an kooperativer Tätigkeit von Nervenzellen erfordert. Eine Erregung der Nervenzellen unserer Augennetzhaut (die ein vorgeschobener Teil unseres Gehirns ist) braucht je nach Dunkel- oder Lichtadaptation etwa sechzig Millisekunden oder mehr bis sie unser Sehhirn erregt, und für die weitere Verarbeitung zu einer bewussten Wahrnehmung braucht es noch mehr Zeit. Bei akustischen und taktilen Wahrnehmungen geht die Leitung vom Rezeptor zur Hirnrinde etwas schneller, aber die Verarbeitung im Gehirn braucht etwa die gleiche Zeit und bei komplexen Problemen länger. Eine einfache motorische Reaktionszeit auf einen visuellen Reiz beträgt bei Erwachsenen etwa zwei Zehntelsekunden, bei Kindern länger. Das wäre für einen technischen Computer sehr langsam, aber die Stärke unseres Gehirns liegt nicht in der Schnelligkeit, sondern in gleichzeitiger Verarbeitung in vielen Teilsystemen unter Nutzung großen Hintergrundwissens.

Man denke etwa an das Sprechen: Während eine Silbe ausgesprochen wird – wozu eine hochpräzise Motorik mit spezifischem Programm sowie akustischer und taktiler Regelung durch Rückkopplung notwendig ist, ohne die die scharfen Übergänge der Frequenzen am Anfang und Ende der Phoneme unverständlich sind – muss nicht nur die nächste Silbe des Wortes, sondern auch der ganze Satz vorbereitet werden. Das Bewusstsein muss diesen großen Aufwand an Informationsverarbeitung überwachen und gegebenenfalls korrigierend eingreifen. Wegen des „Parallelprocessing" d.h. des gleichzeitigen Ablaufs vieler Informationsverarbeitungsschritte sind Aussagen über Vorher, Nachher oder Gleichzeitigkeit im Gehirn schwierig (*Conrad & Kornhuber* 1967), zumal noch Verzögerungen durch Leitung und zahlreiche chemische Reaktionen auftreten.

Das **Bewusstsein** ist dabei aber gar nicht ohnmächtig, sondern äußerst wichtig, da es von Wissen erleuchtete Aktivität und Problemlösung mit Übersicht ermöglicht. Ein Hirnverletzter, der das Bewusstsein nicht wieder erlangt, kann auch durch langes Weiterleben seine Ausfälle nicht kompensieren, wohl aber, wenn er wieder zu Bewusstsein kommt. Das Gehirn ist ein ungeheuer komplexer Apparat, in dem vieles spontan versucht wird. Was von diesen Versuchen Bestand erlangt, hängt davon ab, was im Lichte des Bewusstseins den **Test an der Außenwelt** besteht. Ohne dieses dauernde Sichbewähren wäre das Gehirn unregierbar. Dass das Bewusstsein so wichtig ist, liegt nicht nur daran, dass es Lernen, Wahl und Freiheit fördert, sondern auch daran, dass es nicht alles alleine macht, sondern das meiste delegiert an unbewusste Routinen, die es im Reich der Lebewesen schon lange vor dem Menschen gab und die, wenn es nötig wird, auch wieder zu neuer Mitwirkung des Bewusstseins führen. Dem Bewusstsein alle Informationsverarbeitung aufzuladen, würde es bei weitem überfordern. Dass es unter den Ursachen im Gehirn zeitlich nicht ganz vorn ist, mindert seine Wirksamkeit gar nicht, im Gegenteil, es bleibt von vielen Zufallsschwankungen der Neuronaktivität ungestört und vor manchem falschen Alarm durch Vorschaltung von Schwellen und Filtern geschützt, so dass es sich den wichtigen Vorhaben widmen kann. Die Kreativität des Menschen aber, zu der das Bewusstsein so viel beiträgt, hat den Menschen zu einer Gefahr für das Leben auf der Erde gemacht; er hat schon viele Arten der Lebewesen ausgerottet. Abwertung des Bewusstseins (etwa Erklärung zu einem „Epiphänomen") ist deshalb kein sinnvoller Weg, mit ihm umzugehen; was not tut, ist humane Bildung und weiser Gebrauch (zum Bewusstsein als „Epiphänomen" siehe auch *Delacour* 1997, zur Diskussion um die Theorie des Bewusstseins *Steinbuch* 1965 und *Dennett* 2005).

Dass der Mensch ein geistig überlegenes Wesen ist, ist nicht nur Tatsache, sondern vor allem auch eine **Verpflichtung**, aus Missbrauch der Intelligenz keinen Schaden für das Leben auf der Erde zu machen. Die Grundlage dieser Überlegenheit ist aber nicht die Zweifüßigkeit, auch nicht Lustempfindung oder limbisches System (das sich beim Menschen nicht wesentlich von den Affen unterscheidet.), sondern die **enorme Entwicklung des Assoziationscortex**, d.h. jener Hirnrindenfelder, die nicht Primärfunktionen der Sinne oder der Motorik gewidmet sind (Abb. 7). Etwa die Hälfte dieser Felder dienen aber beim Menschen dem Willen, die andere der Einsicht und der Sprache. Der Mensch hat aber nicht nur mehr Nervenzellen in seinem Assoziationscortex als irgendein anderes Tier einschließlich der Delphine, er hat auch infolge Zusammenarbeit mit Sprache, Kultur und langer lernender Kindheit unvergleichlich mehr Wissen, und leider hat er diese Überlegenheit oft unverantwortlich genutzt.

Der Mensch kann tun, was er will, aber nicht wollen was er will, behauptete Schopenhauer – unzutreffend, denn der Mensch kann keineswegs alles tun, was er will, und er kann in vieler Hinsicht doch auch **lernen zu wollen, was er will**, gegebenenfalls mit Hilfsmitteln (wie Arznei). *Max Planck*, der die Quantentheorie begründete und doch ein Mann der alten Physik blieb, meinte, der Mensch sei von außen gesehen unfrei, von innen jedoch frei, und er ließ diesen Widerspruch unvermittelt stehen. Diese Diskrepanz der Wahrnehmungen trifft aber (außer bei Berauschten oder durch Hirnverletzung Enthemmten) in der Regel nicht zu, und das Leben und die Gesetze verlangen von uns, dass wir bei uns selbst wie bei andern **Freiheitsgrade** richtig beurteilen, z.B. beim Autofahren. Ähnlich wie wir hat sich über die Freiheit auch *Bieri* kürzlich geäußert (2001), der *Kornhuber* persönlich und seine Arbeiten aus gemeinsamen Gutachtersitzungen für die Deutsche Forschungsgemeinschaft kannte.

Aus Funktionsstörungen des Gehirns, aus inneren Blockaden, aus versäumtem Lernen oder einfach aus seiner bloßen Abhängigkeit vom Gehirn ist aber nicht auf generelle Unfreiheit des Menschen zu schließen. **Totaldeterminismus widerspricht sich selbst**, denn wenn unser Denken nichts als ein Strom von Molekülen wäre (im Prinzip ähnlich dem Kreisen der Planeten oder der Peristaltik eines Darms), gäbe es die Unterschiede von Lüge, Irrtum und Wahrheit nicht. Wenn ein wirklich totaldeterminierter Mensch behauptete, es gäbe keine Freiheit, so wäre das nicht bedeutsamer als das Wehen eines Windes. Dass wir aber, wenn auch mit vielem Irren, dem Wahren allmählich näherkommen, ist – angesichts der wirksamen Arzneien, der funktionierenden Technik und des methodisch disziplinierten Fortschreitens der Forschung, deren Einsichten aus vielen Quellen sich widerspruchsfrei zusammenfügen – kaum zu bezweifeln. Wir haben selbst Einfluss auf das Suchen nach Wahrheit, überhaupt auf Informationsverarbeitung im Gehirn, auch auf Triebe und Gefühle, freilich begrenzt: Eine optische Täuschung (z.B. die Scheinspirale von *Fraser*, 1908) bleibt in der Wahrnehmung bestehen, auch wenn wir die Täuschung durchschauen. Sie ist eine Folge der prinzipiell nicht kopierenden, sondern, wie schon *Kant* sah, aktiv konstruierenden Arbeitsweise des Gehirns, um mit *Cézanne* zu sprechen „parallel zur Natur“.

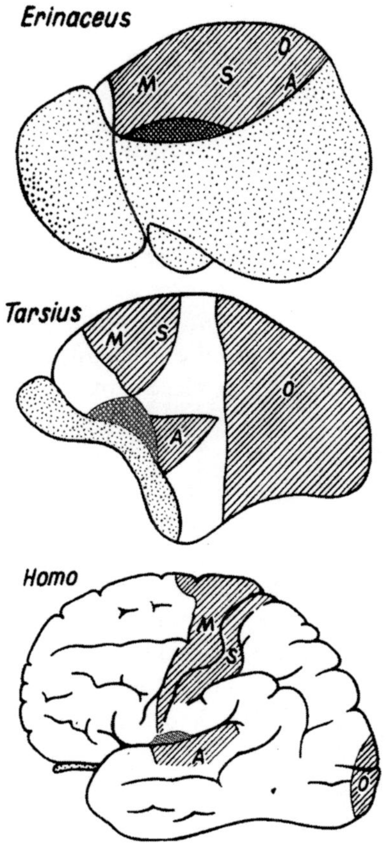

Abb. 7: Ein Vergleich der Gehirne von Igel, Koboldmaki (ein Halbaffe) und Mensch zeigt die enorme Entwicklung der Assoziationsfelder (weiß). Beim Igel ist das Riechhirn (markiert mit Punkten) groß, beim Koboldmaki das Sehhirn (O), beim Menschen die Assoziationsfelder. Natürlich ist sein Gehirn auch insgesamt größer; hier sind die Größen normalisiert, so dass die relativen Anteile der sensorischen (akustischen A, optischen O, somatosensorischen S), motorischen und assoziativen Felder hervortreten [Auszugsweise aus: *Starck D* (1965) In: *G Heberer* (Hg.): Menschliche Abstammungslehre, Stuttgart, Gustav Fischer]

Ähnlich wie in diesem Beispiel aus der Wahrnehmung (als Normalfall) gibt es bei manchen Menschen segmentale Fehler in den Instinkten, z.B. die Pädophilie; sie ist bisher nicht radikal kurierbar, aber durch Arznei so zu mildern, dass sie kontrollierbar und für den betroffenen Mann erträglich ist. Aus alledem aber auf totale Unfreiheit des Willens zu schließen, ist unhaltbar. Es gibt in Systemen neue Fähigkeiten, sogar in technischen, z.B. für Selbstkontrolle. Man kann technisch auch Kreativität simulieren, z.B. durch Kombination von Regeln mit einem Zufallsgenerator. Aber wie das Leben nicht ganz auf die Chemie reduzierbar ist, so ist auch der Menschengeist nicht ganz aus der Gehirntätigkeit vorauszusagen, trotz einer Fülle von psychophysischen Korrelationen.

Wäre unser Leben total determiniert, wäre es nicht eine Aufgabe, sondern ein automatisches Geschehen, so wäre es einfacher, aber auch viel ärmer. Es gäbe weder Skrupel noch Scham, weder Sinnglück hohen Gelingens noch die vielen Verirrungen: Hedonismus, Selbstbetrug, Histrionik, Grausamkeit usw. Im Menschenleben kommt es auf Ethisches an, auf Wahrheit, Güte, Tapferkeit usw. Im Blick auf den Januskopf der Freiheit haben tiefe Denker (u.a. *Sophokles*) erwogen, ob es für den Menschen nicht besser wäre, nicht geboren zu sein. Da er aber zum beherrschenden Lebewesen der Erde geworden ist, kann er der Aufgabe, sich human zu führen, nicht ausweichen. Ohne Willen zum Besseren ist der Mensch jetzt in Gefahr, ein Übel der Erde zu werden. Eine Konsequenz, die aus dieser Situation zu ziehen ist, liegt in der **Verbindung des sittlichen Willens mit dem Daseinssinn** (*Reiner* 1964). Im guten Willen liegt Sinn, der standhält; so sah schon Kant die Situation des Menschen. Unsere hedonistisch deprimierte Zeit braucht ethischen Impuls, der das redliche Tun mit dem Lebenssinn verbindet, um wieder auf die Füße zu kommen.

Wir müssen unseren Willen aber nicht nur ethisch entwickeln, sondern auch seine **vitale Basis erhalten**. Zu den Kardinaltugenden von *Platon* und *Aristoteles* gehörte außer

Gerechtigkeit, Besonnenheit und Tapferkeit auch die Weisheit. Natürlich ist unser Geist vom Gehirn abhängig wie unser Leben von vielem abhängig ist: von Sonne, Wasser, Pflanzen usw. – eine gänzlich unabhängige Freiheit gibt es nicht. Nicht über Determinismus sollten wir klügeln, sondern danach streben, besser zu werden und unsere Freiheit zu entwickeln und zu erhalten, denn vieles bedroht sie: Unwahrheit, Sucht, Depression, Hirntrauma, Schlaganfall usw.

Manche Totaldeterministen von heute unterstellen den aus guten Gründen an Verantwortung festhaltenden Zeitgenossen niedere Motive. „Es gibt keine Willensfreiheit“ erklärte der Freudianer *Alexander Mitscherlich*. „Sie ist eine infantile Erfindung der Selbstidealisierung“. In religiösen Zeitaltern mit viel Unwissenheit und Lebensgefahr hatte der Glaube an die Vorsehung (wie noch heute im Islam) die Funktion eines Beruhigungsmittels: „in Gottes Hand“; heute schwächt Totaldeterminismus eher den guten Willen und kann Komplize des Hedonismus werden.

Jene „exakt identischen Bedingungen“, unter denen ein freier Wille nach Meinung einiger Logiker ganz Verschiedenes hervorbringen muss, um sich als frei zu erweisen, sind eine irreale, nie kontrollierbare, widernatürliche Fiktion, und die Freiheit, die da gefordert wird, wäre ein **unnatürliches Wunder**, der dazugehörige Wille aber ein unzuverlässiger Geselle, kein vernünftiger Führer, sondern ein Durcheinanderwerfer, ein Diabolos. **Wirkliche Freiheit** (wie auch erlebte Unfreiheit) ist **natürlich und relativ** (*Kornhuber*, 1984), dafür aber hat sie gute Gründe und ist wirksam, z.B. heilend oder etwas Schönes schaffend. **Nicht Beliebigkeit ohne Grund**, sondern **Wahl des Echten und Guten** kennzeichnet Freiheit, und der **Wille** sucht dies und hält daran fest, er **bindet sich selbst**. In der Neurophysiologie, mit der er umgeht und von der er abhängt, wirkt der Wille, von „oben“ nach „unten“, aber nicht als Tyrann, sondern eher wie ein guter Vater, der auch von den Kindern lernt und sich selbst durch Besonnenheit auf dem rechten Wege hält. Es ist Wechselwirkung in einem komplexen System, das physisch ist, aber auch Bewusstsein hat und Offenheit der Zukunft.

Es ist ein bei Philosophen heute verbreiteter Irrtum, dass die Naturwissenschaften nur für den Außenaspekt, nicht für die **Innenansicht** des Wahrnehmens, Fühlens, Denkens und Handelns eines Menschen zuständig seien. Wir brauchen unsere aus innerer Erfahrung stammenden Begriffe, um hirnphysiologische Messungen zu deuten. Andererseits brauchen wir manchmal von außen her messende physikalische Methoden, um einander zu helfen oder wenigstens zu verstehen. Man kann sich z.B. lange mit jemand über ein Bild von Picasso aus dessen rosa Periode unterhalten und den Eindruck haben, dass der Gesprächspartner etwas anderes empfindet, bis man durch einen objektiven Test erkennt, dass er eine Farbsehstörung hat (von der er vielleicht selbst nicht gewusst hat). Die Meinung, dass wir alle ein ähnliches Bewusstsein haben, trifft nur teilweise zu, Es gibt Menschen, die dort so etwas wie ein Loch haben, wo bei andern das Mitgefühl ist; das ist ihnen nicht einfach anzusehen, aber auf die Dauer zeigt es ihr Verhalten. Gerade die Kombination von objektiver Neurophysiologie mit subjektiver Psychophysik liefert erhellende Beiträge zum Verständnis des Menschengeistes, und zwar sowohl auf der Wahrnehmungsseite (z.B. *Kornhuber* 1972) wie auf der Willensseite, wofür wir in diesem Beitrag Beispiele gegeben haben. Einige Philosophen aber haben begriffen, dass man etwas von der wirklichen Welt, von ihrer Aufnahme durch Sinne und ihrer Verarbeitung durch das Gehirn wissen muss, um den Geist besser zu verstehen; sie reden jetzt von Neurophilosophie; wie ihre Diskussionen über Gedankenexperimente u.a. laufen, findet man unterhaltsam bei *Dennett* 2005. Die Quantenphysik hat gezeigt, dass im mikrophysikalischen Bereich Determination, wie *Newton* sie dachte, nicht besteht. Dort gibt es, wie *Heisenberg* erkannte, echten Zufall und Unvorhersagbarkeit, und die Forschung hat gezeigt, dass sich Zufall bis in die Makrophysik auswirken kann, z.B. im Wetter. Schon die ersten Naturforscher haben in der Welt der Naturgesetze Zufall unbefangen anerkannt. „Die Zeit ist ein Kind, das spielt“, schrieb *Heraklit*, und *Demokrit* erklärte, wie sich aus Zufallsprozessen Ordnungen entwickeln, z.B. die Sortierung der Steinchen am Strand.

Aber **Zufälle erklären nicht Freiheit**, denn zufälliges Verhalten ist nicht, was wir von einem vernünftigen Menschen erwarten. Wohl aber erweitert die Welt der Zufälle den Spielraum der **Phantasie**, die der Mensch für Innovationen nutzt. Was uns z.B. Träume erzählen, entspringt teilweise dem zufälligen Treffen der vom Hirnstamm (aus einer kleinen Region ohne seelischen Inhalt) aufsteigenden Aktivierungsimpulse im Großhirn. Wie wir diese Zufallsereignisse zu Traumgeschichten weiterspinnen, das entspricht aber wieder unserer Persönlichkeit und augenblicklichen Gefühlslage, an deren Zustandekommen wir nicht unbeteiligt waren. Die Freiheit des Menschen ist also nicht ein beliebiges Beispiel von Indeterminismus der Physik, sondern sie ist eine Folge unserer besonderen **Hirnorganisation** und **Zusammenarbeit** und unserer **eigenen Bemühungen, diese konstruktiv zu entwickeln**.

Wie im Leben des Einzelnen ist auch in der **Politik** der Wille ein großer Beweger, wie kürzlich die Befreiung von Diktatur in der Ukraine wieder gezeigt hat: durch Selbstdisziplin wurde Blutvergießen vermieden. Vorbild war die deutsche Einung, eine historische Leistung des Friedenswillens. In manchen Staaten Afrikas ist jetzt jeder dritte Mensch mit dem HI-Virus infiziert – eine Katastrophe für die Kinder usw.; in anderen afrikanischen Staaten hingegen sieht es viel besser aus infolge des Willens der Regierungen zur Prävention. Bei der gemeinsamen Willensbildung geht es nicht nur um Demokratie, die durch Möglichkeit der Mitwirkung den Willen anregt, aber auch von einer Kleptokratie zur nächsten führen kann, sondern es geht auch um Herrschaft des Rechts (*Platon*), um Gewaltenteilung (*Montesquieu*), checks and balances (The Federalist), um Transparenz gegen Korruption, um Freiheit und Humanität. Auf die Achtung vor dem vernünftigen Willen ist auch das **Subsidiaritätsprinzip** gegründet. Was man selbst beitragen und was im kleinen Kreis entschieden werden kann, soll da getan werden, wo man die Personen kennt und ihre Zuverlässigkeit beurteilen kann. Nicht erst *Oswald von Nell-Breuning*, einer der Väter der katholischen Soziallehre, schon der *Freiherr vom Stein*, *John Stuart Mill* und *Toqueville* dachten so.

Selten hat ein Einzelwille in der Politik direkt so eminente Wirkungen wie *Alexander*; eher via Technik (z.B. *Gutenberg*) oder Wissenschaft (z.B. *Darwin*). Wichtig ist die Tradition der Willensbildung, z.B. die niedrige Korruptionsrate in Skandinavien. Aber auch Traditionen können geändert werden, wie man zur Zeit in Osteuropa sieht. Wegen Effizienz und Unabhängigkeit von Macht- oder Profitinteressen werden die non-governmental organizations international immer wichtiger. Sie zeigen, was freiwilliges Engagement trotz zunehmender Machtballungen bewirken kann. Es gibt aber auch im Dschungel von Medien, Kommerz und Politik und gerade in der Situation der **organisierten Lüge** (*Solschenizyn* 1974, *Revel* 1990), die keineswegs ganz verschwunden ist, immer wieder Momente, in denen Mut und Disziplin eines Einzelnen unerwarteten Erfolg haben kann. Notwendig ist aber auch gutwillige Zusammenarbeit nach dem Beispiel der OSZE. Sie hat mit Beharrlichkeit die Sowjetunion zu Zugeständnissen für die Menschenrechte bewegt, die dann beim Niedergang der Bolschewikenmacht dazu beigetragen haben, den Übergang gewaltlos zu schaffen. Ähnlichen Einfluss könnte jetzt vielleicht die Global Marshall Plan Initiative (2005) haben; sie fordert u.a. eine Tobin-Tax auf internationale Finanztransaktionen (jährlich mehr als eine halbe Billiarde US-Dollar, größtenteils wirtschaftlich sinnloser Ausdruck spekulativer Gier) zur Finanzierung von Entwicklungshilfe, Schulbildung für alle Kinder, Kleinkredite für Frauen in armen Ländern und Finanzhilfen unter der Bedingung der Korruptionsbekämpfung, Besserung des Rechts und der Bildung. Gemeinschaftsgeist und Selbstdisziplin von Führungseliten in ökosozialen Marktwirtschaften sind Willensleistungen.

Obwohl von der Entdeckung des Bereitschaftspotentials 1965 ein Impuls zur Erforschung des Willens und der Freiheit ausgelöst wurde – die Begriffe volition, self-control und intention, die 1965 verschwunden waren, stiegen in den Psychological Abstracts seit 1968 kontinuierlich an und erreichten Ende der neunziger Jahre etwa 70 Untersuchungen pro Jahr, wozu noch zahlreiche neurologische Veröffentlichungen über „executive functions" kamen –, gibt es heute eine **Neuauflage der alten Propaganda für Totaldeterminismus** (die sich für originell ausgibt und so Journalisten beeindruckt) ausgehend von zwei Neurobiologen. Einer von ihnen, *Gerhard Roth*, der vor allem über Salamander gearbeitet hat, will uns zur Aufgabe der Verantwortlichkeit überreden mit dem unhaltbaren Argument, die menschliche Persönlichkeit sei schon mit drei Jahren fertig und ändere sich dann nicht mehr, sei also Produkt der Gene und frühkindlicher, vorbewusster Prägung. Freudianer behaupten, dass die Persönlichkeit schon in der **frühen Kindheit** für immer festgelegt wird. Die Nachprüfung durch empirische Untersuchung von *Cecil Ernst* und *Nikolaus von Luckner* (1985) hat das nicht bestätigt. Hinsichtlich der Leistungsbereitschaft ist nicht die Frühkindheit, sondern die Lebenssituation in der ganzen Kindheit entscheidend. Ein Entwicklungsrückstand beruht nicht auf Trennung von der Mutter, sondern auf unterdurchschnittlicher Anregung. Die Entwicklung von Verhaltensstörungen oder Delinquenz hängt nicht von früher Trennung von der Mutter ab, sondern von andauernden Schwierigkeiten und Belastungen in der ganzen Kindheit und Jugendzeit, wobei auch eine genetische Vulnerabilität mitspielt. Eine andere wohlkontrollierte Untersuchung von 47 Personen, die gleich nach der Geburt in Heime kamen und ihre frühe Kindheit da verbrachten, und 50 Kontrollpersonen, die alle als Erwachsene (Mitte der dreißiger Jahre) untersucht wurden und von denen überdies ein großes Datengut von Berichten und Beurteilungen aus Schule, Militärdienst, der Berufstätigkeit usw. „blind“ (d.h. ohne Kenntnis der Schicksale in der Kindheit) ausgewertet wurde, ergab, dass wohl in der Jugendzeit Schwierigkeiten bei einigen der früheren Heimkinder aufgetreten waren, dass aber bei den Erwachsenen kein Unterschied der beiden Gruppen mehr feststellbar war. Die noch vorhandenen Probleme in beiden Gruppen hatten eindeutig genetische Ursachen (*Heston* et al. 1966). Die Prägung durch die Frühkindheit wird überschätzt, es gelingt bei Aufnahme in eine geeignete Familie in vieler Hinsicht, zuvor **Versäumtes** in der Jugendzeit **nachzulernen**. Schon 1959 hat *Hans Thomae* im Handbuch der Psychologie (Bd. 3, 264) zusammengefasst: „Irrig ist vor allem, dass die menschliche Persönlichkeit ausschließlich als Resultat frühkindlicher Prägungen angesehen werden kann.“ Testpsychologisch sind bei Zwillingen die Leistungen in einem Frontalhirntest wie dem Wisconsin Card Sorting-Test nur zu etwa 40 % erblich (*Anokhin* et al. 2003). Die Leistungsfähigkeit im WCST bildet sich nachweislich erst in der späteren Kindheit; wie bei Persönlichkeitsfaktoren, Kriminalität usw. spielt also offenbar auch die Selbsterziehung eine Rolle. Das ist selbstverständlich kein Freibrief für schlechte Behandlung von Kindern, aber es entspricht der Tatsache der **lebenslangen**, wenn auch allmählich sich mindernden **Lernfähigkeit des Menschen**, wenn eine entsprechende Herausforderung dazu auftritt (bei alten Menschen z.B. ein Schlaganfall oder der Tod des Ehepartners), wobei jedoch klar ist, dass es für bestimmte Formen des Lernens, z.B. für den Spracherwerb, eine sensible Phase in der Kindheit gibt, weshalb möglichst frühe Korrektur von Schwerhörigkeit notwendig ist. Richtig ist, dass man die große Lernbereitschaft von Kindern im Vorschulalter nutzen muss, wie es z.B. in Japan geschieht, wo das Erlernen von vier verschiedenen Schriftsprachen sonst nicht möglich wäre. Man soll sich aber hüten, daraus eine Dressur zu machen und die Anregung von Kreativität und die Zeit dafür zu vernachlässigen. Schon eine Reduktion des Fernsehkonsums würde positiv wirken.

Ein anderes Argument von *Gerhard Roth* für die völlige Unfreiheit des Menschen lautet: das **Bereitschaftspotential** beweise das Fehlen des **Bewusstseins** bei willentlichen Handlungen. Das Bereitschaftspotential wird aber, da es sehr klein im Vergleich zu den spontanen Hirnpotentialen ist, durch Mittelbildung über viele gleichartige einfache Bewegungen untersucht, die Willensbildung hat dabei schon vor dem Beginn des ganzen Versuches stattgefunden und die Bewegungsvorbereitung wird zunächst unbewussten Routineprozessen der Stammganglien, der supplementär-motorischen Area und der davor gelegenen Prae-SMA überlassen (*Deecke & Kornhuber* 2003), die ihrerseits dem motorischen Cortex zuarbeiten, von dem dann die Kommandos für die einzelnen Fingerbewegungen ausgehen. Umso bemerkenswerter ist es jedoch, dass bei jeder der vielen kleinen stereotypen Bewegungen des Zeigefingers doch immer wieder etwa 200 Millisekunden vor dem Bewegungsbeginn – noch rechtzeitig, um nötigenfalls etwas ändern zu können – das Bewusstsein eingeschaltet wird (*Libet* 1985), ein großer Aufwand für das Gehirn, der zeigt, dass selbst so unbedeutende Bewegungen kontrolliert werden, wenn sie willentlich sind. Das Bewusstsein mit seinem Licht und seiner Freiheit ist bekanntlich begrenzt und seine Zeit kostbar; nur wichtige Vorgänge erhalten Zugang zu ihm – zwischen dem Informationsfluss in unseren Sinnen und unserem Bewusstsein findet eine unbewusst organisierte Auswahl des Bedeutsamen, eine Informationsverdichtung um mindestens 10^4 statt, da durch die Rezeptoren und afferenten Nerven mindestens 10^5 bit/sec fließen, im Bewusstsein aber größenordnungsmäßig nur 10 bit/sec auftauchen – der Wille aber ist immer dabei, auch wenn er möglichst viel an unbewusste Routinen delegiert. Entscheidungen fallen im Gehirn meist nicht schlagartig – es sei denn, wir sind durch die Situation, etwa beim Skifahren, dazu gezwungen – sondern sie werden allmählich getroffen.

Sogar einfache Entschlüsse (z.B. Drücken des rechten oder linken Knopfes) brauchen, wenn die Versuchsanordnung es der Initiative der Versuchsperson überlässt, etwas Zeit, und es vergehen einige Sekunden, bis wir die Bewegung starten. (Anders ist es bei Zeitdruck und gespannter Aufmerksamkeit auf einen Reiz). Das kann daran liegen, dass wir eben noch nicht ganz entschlossen waren, aber auch daran, dass der Weg vom Frontalhirn nicht einfach zum motorischen Cortex geht, wie man früher dachte, sondern der Mitwirkung eines phylogenetisch alten subcortikalen Hirnteils bedarf, der erlernte Bewegungsprogramme bereitstellt, der Stammganglien. Das funktionelle Kernspintomogramm zeigt dann vage Hinweise, die man so deuten kann, dass bis zu zehn Sekunden vor der Bewegung im Präfrontalhirn ein unbewusster Entschluss erfolgt ist (*Soon* et al. 2008). Dies ist kein Zeichen von Unfreiheit sondern nur von unzureichender Aufmerksamkeit oder mangelnder Erinnerung, verbunden mit der Abwesenheit von Eile. Die resultierende Bewegung ist auf jeden Fall bewusst kontrolliert.

Ein anderer Neurowissenschaftler, *Wolf Singer*, ein Kenner des visuellen Systems, der vor allem die Zusammenarbeit der Nervenzellen erfolgreich erforscht, meint, das Prinzip der Verantwortlichkeit des Menschen sei unhaltbar, denn im Gehirn gäbe es keine Führung. „Es gibt im Gehirn keinen Ort, wo **Entscheidungen** fallen." Das ist ein seltsames Argument, denn schon in den visuellen Rindenfeldern wird die Information von Stufe zu Stufe und sogar auf parallelen Wegen gleichzeitig zu verschiedenen höheren Verarbeitungsstationen geleitet, um schließlich zu konvergieren und zum Frontalhirn geführt zu werden, wo sie zusammen mit Meldungen aus andern Sinnen und dem Bedürfnissystem der Willensbildung dient und damit der Führung des ganzen Menschen. Freilich braucht das Frontalhirn die Zusammenarbeit mit andern Teilen des Gehirns; aber auch wenn die Orte wechseln, an denen über- und untergeordnete Entscheidungen fallen: Entscheidungen im

Gehirn gibt es – das sagt nicht nur unser Bewusstsein, das zeigt auch das Verhalten. *Singer* argumentiert offenbar auf Grund der Tatsache, dass es im Gehirn, soweit wir wissen, keine „Großmutterzellen“ gibt, also keine Neurone, die für die Erkennung unserer Großmutter spezialisiert sind, sondern dass die Nervenzellen in wechselnden Kooperationen verschiedenen Zwecken dienen können. Dieses Argument wäre aber geradeso für die Unmöglichkeit von Wahrnehmung wie gegen Willen zu benutzen. Dass es Wahrnehmung gibt, ist von Neurowissenschaftlern noch nicht bestritten worden. Ein Totalagnostizismus ist noch nicht einmal von *Berkeley* behauptet worden. Wissenschaft jedenfalls ist mit Totalagnostizismus nicht kompatibel.

Freilich wissen wir vieles noch nicht, aber manches wissen wir vom Gehirn besser aus der Psychologie als aus der Neurophysiologie. Wir verstehen die Informationsverarbeitung in den Zellsäulen des Cortex nicht wirklich, noch die Koordination ihrer Zusammenarbeit (*Creutzfeld* 1983, *Mountcastle* 1998) – und manches wissen wir bisher besser aus den Ausfallssyndromen und den elektrischen, magnetischen und metabolischen Makroveränderungen bei Willensanstrengungen als aus den wechselnden Aktivitäten im Netzwerk der Einzelneurone. Zu dem, was wir aus Pathologie, Physiologie und Neuropsychologie erkennen, passen aber auch die anatomischen Verbindungen. Die Information, mit der das Gehirn umgeht, stammt teils aus dem Erbe der Phylogenese, teils von Messfühlern, die sich auf Umwelt und Innenwelt richten (*Kornhuber* 1978b): diese Information wird stufenweise verarbeitet zu Entscheidungen, wobei Metarepräsentationen der Welt möglich machen, dass wir auch umweltunabhängig denken können.

Das größte Erfahrungsgut über Fähigkeiten und Gehirn des Menschen hat die klinische Neurologie gesammelt. Diese Erfahrung hat zu zwei Theorien („Modellen“) über die Hirnfunktion geführt: Erstens ein „hierarchisches“ System neben- und übergeordneter Zentren; dafür sprechen spezifische Ausfälle bei lokalisierten akuten Hirnläsionen, auch die Ergebnisse der funktionellen Kernspintomographie und die Fähigkeit zur vernünftigen Selbstführung des Menschen. Zweitens seit *Lashleys* (1981) *„mass action"* Gesetz, das nicht nur bei der Ratte gilt, sondern auch beim Menschen, und zwar bei Kindern, bestätigt wurde (*Kornhuber* et al. 1985) ein verteiltes System, in dem durch Leitungen das meiste mit vielem anderem verbunden ist und das seine Leistungen stets durch ausgedehnte Zusammenarbeit hervorbringt. Dafür sprechen das assoziative Gedächtnis und die allmähliche Erholung von Funktionen (mit Hilfe von aktiver Übung) nach Läsionen, aber auch die Histologie und Hodologie cerebraler Netze.

Beide Prinzipien sind in höheren Gehirnen offenbar verwirklicht (*Mountcastle* 1998). Bei seiner Tätigkeit werden vom Gehirn erstaunliche Leistungen vollbracht, derer wir uns meistens nicht bewusst sind; z.B. setzt das visuelle Erkennen einer Figur vor einem bewegten Hintergrund die dezentrale Durchführung zahlreicher Multiplikationen im verteilten System des Gehirns voraus. Andererseits, die Fähigkeit, den Weg unseres eigenen Handelns und Erlebens sowie die Schicksale von Weggefährten in der Zeit denkend zurückzugehen, d.h. das episodische Gedächtnis, erfordert Selbstführung mit hoher Kunst des Managements, und diese Führung wird im hierarchischen System des Gehirns vom präfrontalen Cortex organisiert (*Wheeler* et al. 1997) – selbstverständlich mit Unterstützung durch das verteilte assoziierende System. Das verteilte System, mit dem Singer argumentiert, ist nichts Neues, es wird von Hirnforschern und Kybernetikern schon lange diskutiert. Aber mit seiner Existenz, die dem Gehirn große Fähigkeiten und Flexibilität bringt, kann Unfreiheit nicht begründet werden; im Gegenteil, es ist ebenso wie das hierarchische System eine Quelle von Freiheit. Wir brauchen beide Systeme. – Fragt man sich, welches Hirnrindenfeld aufgrund der anatomischen und neurophysiologischen Daten für eine Führungsfunktion in Betracht käme, so kann man auch an das Parietalhirn denken, in dem viele sensorische Meldungen (visuelle, somatosensorische und akustische) aus der Außenwelt zusammenkommen (*Kornhuber* 1965) und der Aufmerksamkeitsregelung dienen. Aber dieser Region des Cortex fehlt die Verbindung zum alten System der Bedürfnisse und Triebe mit seinen Meldungen aus der Innenwelt, dem limbischen System und Hypothalamus. Und bei Läsion des parietalen Cortex gibt es zwar Aufmerksamkeitsstörungen, aber keinen Ausfall der strategischen Führung. Die Zusammenführung von beidem, den Meldungen von der Außenwelt und von der Innenwelt findet allein im Frontalhirn statt. Es ist daher kein Zufall, dass an diesem die Weiterentwicklung zu einem höheren Planungs- und Entscheidungszentrum im präfrontalen Cortex stattgefunden hat – mit Verantwortung, mit Gewissen. Aber anstatt diese Tatsachen anzuerkennen, die mit der ethischen Weisheit der Menschheit seit der Achsenzeit, seit *Heraklit* und *Kungtse*, übereinstimmt, suchen die Wortführer der neuen Unverantwortlichkeit die Autonomie des reifen Menschen wegzuerklären und sammeln statt Argumente Bundesgenossen für Propaganda (Elf 2004). Gerhard Roth sucht sogar die Vernunft zu diskreditieren und assoziiert Rationalität nicht mit Ethos sondern einfach mit Sprache. Er behauptet, sie sei „die Ebene der Selbstdarstellung und des Selbstbetrugs, der Diplomatie und der Lüge“, gesteuert von dem was heute „Bauch“ genannt wird (*Roth* 2008).

Weiter meint Singer, die bloße Tatsache, dass der **Menschengeist physische Grundlagen** hat, beweise seine Unfreiheit. Dieser Meinung liegt ein naturfremder Freiheitsbegriff zugrunde: Totalfreiheit von der Natur. Wirkliche Freiheit ist relativ, bedingt, spezifisch, graduell und natürlich erworben. Diese Freiheit ist keine Illusion, denn Wahrnehmung durch andere und Eigenerleben stimmen überein, z.B. bei Müdigkeit. Nur bei toxischer Enthemmung oder läsioneller Minderung der Selbstkritik gibt es Freiheitsillusionen (bis hin zur Illusion – bei LSD-Intoxikation z.B. – fliegen zu können, mit manchmal tödlichen Folgen); in normalen Grenzen ist unser Freiheitsbewusstsein aber meist realistisch

– wie gemäß dem Selektionsprozess der Phylogenese zu erwarten. Willensskeptiker sollten darüber nachdenken, dass Willensfreiheit im Sinne von bewusster, absichtlicher Selbstkontrolle des menschlichen Verhaltens (z.B. des „sozialen" Alkoholkonsums) experimentell jenseits vernünftigen Zweifels nachgewiesen ist (z.B. *Howard & Myers* 1989).

Wolf Singer zieht aus seinen fragwürdigen Prämissen weitgehende Schlüsse für die Rechtsordnung, er plädiert für Abschaffung der **Verantwortlichkeit**. Doch nicht alle Rechtsbrüche sind Beschaffungskriminalität von Heroinsüchtigen. Freilich brauchen wir mehr Prävention. Aber will man z.B. im Ernst behaupten, dass für hochtechnisch geplante, vielstufig beratene und auf höchster Ebene entschiedene Untaten wie Atombombenabwürfe auf Städte (*Coulmas* 2005) niemand verantwortlich sei? *Singer* meint, durch Abschaffung der Verantwortlichkeit werde die Welt humaner; das Gegenteil ist richtig. Es gäbe auch vieles Hohe und Verehrungswürdige nicht mehr: das Menschenwesen würde ein dressierter Betrieb. Tiefes Denken, Selbsthingabe, Tapferkeit wären dann Illusionen. Die durch Jahrtausende geehrt wurden – Menschen wie *Kungtse*, *Sokrates*, *Jesus* – wären nichts zur Nachfolge Begeisterndes mehr. Und wenn alles eine Frage der Dressur, des Preises und der Propaganda würde, wie stünde es mit der Wahrheit der Wissenschaft? *Singer* meint, die Menschen würden sich daran gewöhnen, nicht verantwortlich zu sein. Sehr unwahrscheinlich, denn sie wollen und achten Autonomie. Ohne moralischen Willen keine sittliche Handlung. *Olivi* sah recht: ohne Willen wären wir keine Menschen. Der gute Wille spielt übrigens auch für die Gesundheit eine entscheidende Rolle, vor allem in der Prävention. Ein Beispiel für Erhaltung von Freiheit ist die Kontrolle von Neugeborenen auf intakte Schilddrüsenfunktion zur Vermeidung von Kretinismus; ohne verantwortliche Ärzte und Krankenschwestern geht es nicht.

Auch dass das System des Willens im Gehirn ein **verteiltes** aber **kooperatives** System ist, spricht nicht gegen Freiheit. Modernes Management ist Zusammenarbeit. Auch die Systeme der Sinne, der Motorik, des Gedächtnisses sind verteilt und kooperativ. Das hängt auch mit der Phylogenese zusammen. Mammalier lebten schon zur Zeit der Dinosaurier; es wurde ihren Gehirnen immer wieder ein neuer Teil hinzugefügt. **Zusammenarbeit** für die Informationsverarbeitung ist das Grundprinzip im Gehirn; eine einzelne Nervenzelle ist relativ dumm (obwohl sie auch einen höchst komplexen Bau haben, mit vielen andern Zellen verbunden sein kann und integrative Aufgaben hat, ja unter Umständen sogar multiplizieren kann). Man kann sich das leicht an der Wahrnehmung klarmachen: eine punktuelle Erregung auf der Augennetzhaut auf dem Cortex abzubilden, könnte theoretisch noch ohne großen Aufwand gehen (faktisch ist es schwer wegen der Streuung und dem Wechsel der Helligkeit), aber schon die Wahrnehmung der Länge einer horizontalen Linie erfordert die Zusammenarbeit von Nervenzellen beider Hirnhälften mit Hilfe der sie (durch den Balken) verbindenden Fasern (*Bechinger* et al. 1972). Wer die Möglichkeit der Entstehung von Neuem durch Zusammenarbeit im Gehirn ausschließt, der negiert nicht nur Freiheit, sondern schon die Möglichkeit einfacher Wahrnehmung.

Es genügt nicht, für Willensfreiheit nur logische Argumente zu diskutieren; man muss die Augen öffnen für die Naturzusammenhänge der Freiheit: es gibt natürliche und kulturelle **Ursachen** und **Handlungen**, die **Freiheit fördern** (z.B. gute Erziehung), und andere, die ihr entgegenwirken; um eine einfache und häufige zu nennen: Trunkenheit. Von Freiheit gibt es Erfahrung, und für Freiheit kann man etwas tun. Ein großer Geist der Goethezeit, der die Freiheit des Menschen natürlich sah wie die alten Hellenen, *Hölderlin*, sagte: „Alles prüfe der Mensch, … dass er kräftig genährt danken für alles lern und verstehe die Freiheit aufzubrechen, wohin er will."

Dumm ist es auch, gerade einer alternden Gesellschaft zu indoktrinieren, dass sie zu lernen unfähig sei. Tägliche körperliche Bewegung ist neben sorgfältiger früher Behandlung von Blutdruckerhöhung und Neigung zu Diabetes sowie gesunder Ernährung (grüne Salate, verschiedene Früchte, Pflanzenöl, Fisch, Gemüse, volles Korn, Yoghurt, Hülsenfrüchte, etwas Fleisch, Nüsse) und vor allem sinnvolle geistige Aktivität gerade im Alter wirksame **Prävention gegen Demenz** (*Kornhuber* 2004); Demenz ist in der älter werdenden Bevölkerung die größte Bedrohung unserer Freiheit. Unser hedonistischer Lebensstil mit Alkohol, Bewegungsmangel und Speckbauch treibt uns in die Demenz hinein.

Einer unfundierten Verteufelung der **Östrogene** entgegen sind wir auch für Hormonsubstitution nach dem Klimakterium, wenn Mangelsymptome auftreten, denn Frauen bekommen ohne Hormontherapie häufiger Alzheimer-Demenz als Männer, obwohl diese doch durch ihr Verhalten (Alkohol, Zigarettenrauchen) mehr Gefäßschäden und folglich mehr Demenz hätten, wenn dieser Unterschied nicht durch den Östrogenmangel der Frauen ausgeglichen würde. Die Männer sterben infolge ihres destruktiven Konsums auch sieben Jahre (in Russland sogar zehn Jahre) früher als die Frauen. Weil viele Männer ihre Demenz nicht erleben, die Frauen aber älter werden, sind etwa 70 % der Demenzkranken Frauen. Die Ergebnisse epidemiologischer Studien mit Östrogen-Ersatztherapie sind positiv (*Paganini-Hill & Henderson* 1994, *Morrison* et al. 1996, *Tang* et al. 1996): Östrogenersatz mindert das Demenz-Risiko. Selbstverständlich soll man Frauen mit erhöhtem Brustkrebsrisiko (Brustkrebs bei Verwandten ersten Grades) kein Östrogen verschreiben. Aber die ungünstigen Ergebnisse der Writing WHI group waren nicht durch Östrogen, sondern durch ein schädliches Gestagen, MPA, bedingt sowie dadurch, dass die Therapie zehn Jahre zu spät begann. Der positive Östrogeneffekt geht über die Gefäße; der Alzheimer-Demenz jenseits des 65. Lebensjahres (97 % aller Alzheimerfälle) liegt eine Mikroangiopathie zugrunde (*Kornhuber* 2004). Dass Östrogene günstig auf das arterielle Gefäßsystem wirken, ist sicher; vor dem Klimakterium bekommen Frauen viel seltener Herzinfarkte als Männer. Ungünstig ist nur die Kombination von Rauchen und „Pille", aber die „Pille" ist auch kein physiologisches Östrogen.

Es ist nie zu spät, etwas zu lernen und den Lebensstil gesünder zu machen. Um der heute verbreiteten Unterentwicklung der rechten Gehirnhemisphäre entgegen zu wirken, ist es z.B. sinnvoll, auch etwas Praktisches zu tun, den Bergstock in der linken Hand zu führen, zu malen und zu singen. Anstatt vier Stunden Fernsehen pro Tag, wie heute üblich, fördern selbstgewählte sinnvolle Tätigkeiten nicht nur das Lebensglück, sondern auch das **Gedächtnis** im Alter. Geistige Tätigkeit wie Lesen, Rätsel lösen, Schach spielen, Musizieren, Malen usw. wirkt noch stärker protektiv gegen Demenz als körperliche, und der Effekt ist unabhängig von andern Einflüssen (*Wilson* et al. 2002, *Vergese* et al. 2003), was für direkte Wirkung der Neuronaktivität (wahrscheinlich mit Hilfe neurotropher Faktoren) spricht. Die Basis dafür wird in der Kindheit und Jugend gelegt: In Chicago sinkt das Demenzrisiko mit jedem Jahr Schule um 17 % (*Evans* et al. 1997). **Zu alledem aber braucht der Mensch Willen** (wenn auch nicht Willen allein), auch für **Freundschaft, Treue** und gegenseitige Hilfe, die das menschliche Leben stabilisieren (z.B. *Mäkinen* 2000). Je mehr eine Gesellschaft altert, desto wichtiger wird die Übung des Willens, denn nicht nur zum Aufbau von Hirnfunktion und Gemeinschaft brauchen wir ihn, sondern auch zu ihrer Erhaltung.

Gesundheitsschäden, die **durch unser eigenes Verhalten** verursacht werden, machen heute einen viel größeren Teil der Gesamtmorbidität aus als im 19. Jh.; damals waren Infektionskrankheiten und Unfälle die Hauptprobleme. Die durch Selbstzerstörung hervorgerufenen Krankheiten nehmen noch immer zu, z.B. Typ II-Diabetes. Infolge der Alterung der Bevölkerung wirken die durch eigenes Fehlverhalten bedingten Schäden sich viel stärker aus. Und im Gehirn sind die Folgen besonders wenig kurierbar; sie mindern unsere Freiheit unverhältnismäßig. Darum ist es unausweichlich, dass viel mehr **Prävention** als bisher erforderlich ist; diese aber erfordert Verhaltensänderungen und **Selbstdisziplin**. Gleiches gilt für die Lösung der **globalen ökologischen Probleme**. Bisher hat die Menschheit noch nicht einmal begonnen, das Kapital für deren Lösung zu bilden; dazu gehört Verzicht. Mit dem heutigen hedonistischen Kurs steuern wir tiefer in Selbstzerstörung.

Wer an die Möglichkeit guten Willens erinnert, ist kein Illusionist bloßer Dynamik; wir sind wirklichkeitsnah und sehen auch die Tragik. Im Scheitern aber muss man sich sammeln, die Strategie überdenken und sich für das noch Mögliche einsetzen.

Zusammenfassung

Wille ist vernünftige Selbstführung des Menschen, ist Denken und Tun aus der Persönlichkeit und ihrem Kern, dem Selbst und verantwortlich in Gemeinschaft. Wille braucht Strategie, Ziele, Gründe, Methoden. Der Wille des Menschen ist kreativ und stützt sich auf Kultur und Zusammenarbeit. Er ist keine Automatik der Hirnphysiologie, sondern entsteht aus natürlichen Anlagen kulturell geprägt durch Lernen von Vorbildern, durch eigene Initiative, und auf Lernen durch Versuche und Besinnung auf sich selbst und das Gewissen. Taten zusammenwirkenden Willens stecken in Institutionen des Rechts, der Wissenschaft usw. Ohne guten Willen keine Fairness, keine Humanität. Ein für den Menschen charakteristisches Risiko der Selbstkorruption ist Hedonismus. Wille ist Führung, aber er bedarf der Grundlage von Energie, Wachheit usw. und vieler Gehirnfähigkeiten (Gedächtnis u.a.). Er kann und muss etwas dafür tun, diese Grundlagen zu erhalten. Nicht die Sprache sondern edler Wille ist das Höchste im Menschen. Wille ist aktiv in allen Bereichen des Seelischen. Zum Willen gehören Besinnung, Planung, Entscheidung, Aufmerksamkeit, Sorgfalt, Vollenden. Der Wille pflegt gewöhnlich einen kooperativen Führungsstil im Reich der Anmutungen, Triebe und Gefühle, und doch sind wichtige Aufgaben des Willens Konzentration auf das Wesentliche und Ausblendung von Ablenkungen. Aber der Wille ist nicht nur ein „Neinsager des Lebens“, sondern auch Anreger von Innovationen, Weitungen der Interessen, Änderungen der Prioritäten, Vertiefung der Persönlichkeit. Geführt vom Willen erwirbt der Mensch Geist, der auch seine Triebe und Gefühle humanisiert. Ein großer Teil der Gefühle des Menschen ist Folge von Willensanstrengung, z.B. das Sinnglück.

Das Wissen vom Willen, das schon seit der Antike tief war, wurde vom Freudismus verschüttet; unter seinem Einfluss verschwand die Willensforschung nach dem zweiten

Weltkrieg. Sie wurde seit 1965 wieder belebt durch die Entdeckung eines Hirnpotentials, das willkürlichen Bewegungen vorausgeht und durch Suchen nach cerebralen Grundlagen des Willens gefunden wurde: des Bereitschaftspotentials, das mediofrontal auftritt. Die von *Kornhuber & Deecke* 1964 eingeführte Rückwärtsanalyse ereigniskorrelierter Hirnpotentiale zeigt, dass beim angestrengten willentlichen Lernen der Erfolg mit der Aktivierung des Frontalhirns korreliert und dass auch bei absichtlichem Sichvorstellen visueller Bilder zuerst das Frontalhirn aktiv wird, danach erst hintere Hirnregionen. Andere Handlungsexperimente, bei denen es auf Aufmerksamkeit ankommt, zeigen die Delegation der Hirnaktivität von zunächst frontal nach parietal. Den bildgebenden Verfahren, z.B. der funktionellen Kernspintomographie, entgeht die führende Rolle des Frontalhirns, weil ihre zeitliche Auflösung zu gering ist. Dem Willen liegt ein verteiltes System von Funktionen zugrunde. Für die Aufmerksamkeit, die eine Teilfunktion des Willens ist, gibt es zwei Zentren, das strategische im vorderen Gyrus cinguli, das taktische in der hinteren parietalen Rinde. In der neuen Willensforschung nach dem Bereitschaftspotential kam die Idee der Planung und der Planungstest von *Shallice* (Tower of London-Test), der als Funktionstest für die Frontalhirnkonvexität gilt. In den angelsächsischen Ländern läuft die Diskussion um den Willen zum Teil unter dem Begriff *self regulation*, in der neurologischen Literatur unter *executive functions*, der jedoch zu eng ist.

Auf die Persönlichkeitspsychologie hat die Willensforschung noch kaum Einfluss gehabt, obwohl in allen der fünf großen Persönlichkeitsfaktoren, auf die man sich geeinigt hat, Wille steckt, z.B. im Faktor Gewissenhaftigkeit, im Faktor emotionale Kontrolle usw. Die Zwillingsforschung zeigt, dass individualspezifische Einflüsse auf die Persönlichkeitsentwicklung eine ähnlich große Wirkung haben wie das Genom und einen größeren als die mit Geschwistern geteilten Umwelteinflüsse. In diesen nichtgenetischen individualspezifischen Faktoren steckt aber vor allem der eigene Wille des Kindes und des Jugendlichen. Diese eigenaktive Entwicklung der Persönlichkeit des Menschen führt zu Unterschieden der Individuen, die weit größer sind als bei allen Tieren. Gerade dieser Reichtum an Verschiedenem aber macht die Zusammenarbeit der Menschen so fruchtbar.

Das Organ des Willens liegt im Stirnhirn, genauer in der präfrontalen Rinde, die aber zu ihrer Führungsfunktion Meldungen aus dem übrigen Gehirn braucht über Außen- und Innenwelt, Bedürfnisse, Gedächtnis usw. und die Aufgaben an andere Hirnteile delegiert. Im Frontalhirn gibt es, wie *Karl Kleist* durch Untersuchung von Hirnverletzten im Ersten Weltkrieg entdeckt und 1934 veröffentlicht hat, eine Arbeitsteilung: geistiger Antrieb und produktives Denken sind im dorsolateralen und polaren präfrontalen Cortex vertreten, Gewissen und Emotionskontrolle im orbitalen Cortex. Der Führung des Denkens dient auch das frontale Arbeitsgedächtnis, das 1935 von *Jacobsen* entdeckt wurde. Die frontomediale supplementärmotorische Area (SMA), in der das Bereitschaftspotential vor willentlicher Bewegung auftritt, kontrolliert den rechten Zeitpunkt willentlicher Bewegungen. Die SMA arbeitet eng mit den Stammganglien zusammen, die dem Cortex (u.a. bei motorischen Aufgaben und beim Sprechen) durch erlernte Programme helfen.

Die Evolution des kreativen und disziplinierenden Willenscortex war nach der Theorie von *Kornhuber* der entscheidende Schritt zum rezenten Menschen (Homo sapiens sapiens), dem Kulturmenschen. Sie wurde ermöglicht durch Selektion von Willen aufgrund der Zusammenarbeit. Die Evolution der Sprache ging der Evolution der Kreativität offenbar voraus wahrscheinlich schon bei Homo habilis vor zwei Mio. Jahren. Dem Neandertaler, der sicher sprechen konnte und sogar 200 g Gehirn mehr hatte als Homo sapiens sapiens, fehlte diese Kreativität, wahrscheinlich weil er ein kleineres Frontalhirn hatte.

Die Kreativität machte den Menschen aber auch für Menschen gefährlich und erforderte die Evolution von

Moral jenseits von Brutpflege; deren Substrat liegt im Orbitalhirn, das der jüngste Teil des Willensgehirns ist. Dass der Mensch durch seinen kreativen Willen ein überlegenes Lebewesen ist, hat Pflichten zur Folge, die über ihn selbst weit hinausgehen.

Das limbische System im weiten Sinne, der Hypothalamus und gewisse Hirnstammkerne sind alte Teile des Motivationssystems, die anatomisch beim Menschen im Vergleich zu den höheren Tieren weitgehend unverändert sind; sie regeln Triebe und Emotionen für Tätigkeitsbereitschaft, Ernährung, Abwehr, Fortpflanzung usw., die noch immer für uns wichtig sind, aber vom besonnenen Willen überformt werden. Die menschlichen Gefühle und Antriebe werden aber keineswegs alle vom alten Motivationssystem hervorgebracht, sondern sie sind erweitert und geprägt von Kultur und Lernen, wofür die Grundlage die enorm vergrößerten Assoziationsfelder der Großhirnrinde sind (wovon die Hälfte Willenscortex ist). Sinnglück des Schaffenden z.B. ist von willentlicher Tätigkeit frontocortical initiiert; es wird kortikal erlebt, beruht aber auf Mitwirkung subcorticaler Regelungen. Es ist eine innere Belohnung sinnvoller willentlicher Tätigkeit und stabilisiert die Autonomie der Persönlichkeit.

Der Wille bildet sich beim Kind später als die Fähigkeiten der Sinne, Motorik und Sprache, weil die Ausbildung der Dendriten und Synapsen im präfrontalem Cortex viele Jahre braucht. Die Entwicklung, Erziehung und Selbsterziehung des Willens zieht sich über die Jugendzeit bis ins Erwachsensein hin. Die menschliche Persönlichkeit ist keineswegs in der Frühkindheit fertig geprägt. Daher gewinnt die kindliche und jugendliche Persönlichkeit Einfluss auf ihr eigenes Werden. Der Wille beeinflusst die Bildung der Interessen, die Wahl der Freunde, Vorbilder usw., die Anerkennung der Normen und die Hierarchie der Werte. Darum sind die Unterschiede im Willen und seiner Wertewelt viel größer als die in der Motorik oder Intelligenz. Zu alledem ist, wie zum Lernen überhaupt, Eigenaktivität nötig.

Die noch nicht willensfesten Jugendlichen werden von Dealern und Werbung angesprochen mit dem Ziel, sie abhängig zu machen. Die Süchte sind jetzt ärger als die Psychosen, seitdem es gegen diese wirksame Arzneien gibt. Die am häufigsten gebrauchten Drogen in Europa sind Zigaretten und Alkohol. Die Schäden durch Alkohol (u.a. Krebs, Demenz und andere Hirnschäden) werden noch immer unterschätzt; sie entstehen z.T. schon vor der Geburt (infolge des Frauenalkoholismus seit 1968). Auch das Rauchen in der Schwangerschaft schadet der Gehirnentwicklung.

Auch behinderte Menschen können hohen Willen entwickeln. Es gibt einen humanen Adel auch bei einfachen Menschen, der aus langem gutem Willen kommt.

Im Willen und seiner Wirkung auf das Denken und Handeln liegt Freiheit. Positive Freiheit ist natürlich, partiell, relativ. Für sie müssen und können wir etwas tun, u.a. durch eigene Anstrengung und Lernen. Das Recht erwartet von uns freiheitsförderndes Verhalten. Die Besonnenheit des menschlichen Willens macht, dass der erwachsene geistig gesunde Mensch verantwortungsfähig ist. Willensfreiheit ist nicht gegen die Natur, sondern erworbene Fähigkeit vernünftiger Selbstführung. Totaldeterminismus widerspricht sich selbst. Willensfreiheit ist weder Zufall noch Beliebigkeit, sondern Fähigkeit zur Wahl des Guten. Dass Willensfreiheit physische Grundlagen hat, widerlegt sie nicht, sondern macht sie wirklich.

Bewusstsein und Unbewusstes im Gehirn arbeiten immer zusammen. Die Informationsverarbeitung im Gehirn braucht Raum, Zeit und Energie, sie beruht auf Zusammenarbeit in einem verteilten System von Neuronen, aber mit Streben zur Einung und mit Führung durch ethischen Willen.

Literatur

Accenture-Studie (2005): Frauen suchen Vorbilder fürs Leben. *Frankfurt. Allg. Ztg.* 5. März 2005

Ach, N. (1905): Über die Willenstätigkeit und das Denken. Göttingen: Vandenhoek u. Ruprecht.

Ach, N. (1910): Über den Willensakt und das Temperament. Leipzig: Quelle & Meyer.

Ach, N. (1935): Analyse des Willens. In: *Abderhalden, E.* (Hg.): Handbuch der biologischen Arbeitsmethoden. Vol. 6. Berlin: Urban & Schwarzenberg.

Alexander, G.E., DeLong, M.R., Strick, P.L. (1986): Parallel organisation of functionally segregated circuits linking basal ganglia and cortex. *Ann.Rev.Neurosci.* 9, 357-381.

Alexander, G.E., Crutcher, M.D., DeLong, M.R. (1990): Basal ganglia-thalamocortical circuits: Parallel substrates for motor, oculomotor, „prefrontal" and „limbic" functions. In: *Uylings, H.B.M.* et al. (Hgg.): The prefrontal cortex. Amsterdam, New York, Oxford: Elsevier. 119-146.

Allport, G.W., Bruner, J.S., Jandorf, E.M. (1941): Personality under social catastrophe. *Character and Personality.* 10, 1.

Amador, N., Fried, I. (2004): Single-neuron activity in the human supplementary motor area underlying preparation for action. *J. Neurosurg.* 100, 250-259.

Amelang, M., Bartussek, D. (2001): Differentielle Psychologie und Persönlichkeitsforschung. 5. Auflage. Stuttgart: Kohlhammer.

Anderson, A.K., Phelps, E.A. (2002): Is the human amygdala critical for subjective experience of emotion? *J. Cognit. Neurosci.* 14, 709-720.

Anderson, S.W., Damasio, H., Tranel, D., Damasio, A.R. (2000): Long term sequelae of prefrontal cortex damage acquired in early childhood. *Devel. Neuropsychol.* 18, 281-296.

Anderson, S.W., Damasio, A.R., Damasio, H. (2003): A neural basis for collecting behavior in humans. Society for Neuroscience. Abstract Viewer. Abstract No. 195.9.

Anderson, V.A., Anderson, P., Northam, E., Jacobs, R., Mikiewicz, O. (2002): Relationship between cognitive and behavioral measures of executive function in children with brain disease. *Child Neuropsychol.* 8, 231-240.

Anokhin, A.P., Heath, A.C., Ralano, A. (2003): Genetic influences on frontal brain function: WCST performance in twins. *NeuroReport* 14, 1975-1978.

Aristoteles (384-322 v. Chr.) Politik. Dt. Hamburg: Meiner.

Aristoteles (384-322 v. Chr.): Nikomachische Ethik. Deutsch bei Reclam.

Aristoteles (384-322 v. Chr.): Peri Psyches (De Anima). Dt. Über die Seele. Hamburg: Meiner.

Arnstein, A.F.T., Robbins, T.W. (2002): Neurochemical modulation of prefrontal cortical function in humans and animals. In: *Stuss, D.T., Knight, R.T.* (Hgg.): Principles of frontal lobe function. New York, Oxford: University Press. 51-84.

Asch, S.E. (1951) Effects of group pressure upon the modification and distortion of judgements. In: *Guetzkow, H.* (Hg.) Groups, leaderships and men. Pittsburgh. 177-190.

Asendorpf, J.B. (1999): Psychologie der Persönlichkeit. 2. Auflage. Heidelberg: Springer.

Baldo, J.V., Delis, D., Kramer, J., Shimamura, A.P. (2002): Memory performance on the California Verbal Learning Test – II: findings from patients with focal frontal lesions. *J. internat. neuropsychol. soc.* 8, 539-546.

Barbas, H., Pandya, D.N. (1991): Patterns of connections of the prefrontal cortex in the rhesus monkey associated with cortical architecture. In: *Levin, H.S., Eisenberg, H.M., Benton, H.L.* (Hgg.): Frontal lobe function and dysfunction. New York, Oxford: Oxford University Press. 35-58.

Baumann, B., Bogerts, B. (1999): The pathomorphology of schizophrenia and mood disorders: similarities and differences. *Schizophrenia Res.* 39, 141-148.

Beauregard, M., Levesque J., Bourgouin P. (2001): Neural correlates of conscious self-regulation of emotion. *J. Neurosci 21, Rapid communications*, 165, 1-6.

Bechinger, D., Kongehl, G., Kornhuber, H.H. (1972): Eine Hypothese für die physiologische Grundlage des Größensehens: Quantitative Untersuchungen der Informationsübertragung für Längen und Richtungen mit Punkten und Linien. *Arch. Psychiat. Nervenkr.* 215, 181-189.

Bechinger, D., Kornhuber, H.H., Schmidt, W. (1984): Ein epidemiologischer Beweis für die Wirksamkeit der Frühbehandlung cerebraler Sprachstörungen mit Hilfe der Mütter. Verh. Dtsch. Ges. Neurol., Band 3. Berlin, Heidelberg: Springer. 999-1002.

Bell, M., Bryson, G., Greig, T., Corcoran, C., Wexler, B.E. (2001): Neurocognitive enhancement therapy with work therapy: effects on neuropsychological test performance. *Arch.gen. Psychiat.* 58, 763-768.

Benson, D.F. & Stuss, D.T. (1990): Frontal lobe influences on delusions: a clinical perspective. *Schizophr. Bull.* 16, 403-411.

Berrios, G.E., Gili, M. (1995): Will and its disorders: a conceptual history. *History of Psychiat.* 6, 87-104.

Berthier, M.L., Kulisevsky J.J., Gironell, A., Lopes, O.L. (2001): Obsessive-compulsive disorder and traumatic brain injury: behavioral, cognitive, and neuroimaging findings. *Neuropsychiat., Neuropsychol. & Behavioral Neurology* 14, 23-31.

Bieri, P. (2001): Das Handwerk der Freiheit. Über die Entdeckung des eigenen Willens. München: Hanser.

Binder, W., Kornhuber, H.H., Waiblinger, G. (1984): Benzodiazepinsucht, unsere iatrogene Seuche – 157 Fälle von Benzodiazepin-Abhängigkeit. *Öff. Gesund.-wes.* 46, 80-86.

Birnboim, S. (2003): The automatic and controlled information-processing dissociation: is it still relevant? *Neuropsychol. Rev.* 13, 19-31.

Bleich, S. et al. (2001): Moderate alcohol consumption in social drinkers raises plasma homocysteine levels: a contradiction to the „French paradox"? *Alcoh. & Alcoholism.* 36, 189-192.

Boden, G., Chen, X., De Santis, A., Kendrick, Z. (1993): Ethanol inhibits insulin action on lipolysis and on insulin in elderly men. *Amer. J. Physiol. Endocr. Metabol.* 265, E197-E202.

Breitenseher, M., Uhl, F., Prayer-Wimberger, D., Deecke, L., Trattnig, S., Kramer, J. (1998): Morphological dissociation between visual pathways and cortex: MRI of visual deprived patients with congenital peripheral blindness. *Neuroradiology* 40, 424-427.

Brezinka, W. (1987): Tüchtigkeit. Analyse und Bewertung eines Erziehungszieles. München, Basel: Reinhardt.

Brierley, B., Shaw, P., David, A.S. (2002): The human amygdala: a systematic review and meta-analysis of volumemetric magnetic resonance imaging. *Brain Res. Rev.* 39, 84-105.

Brugger, P., Monsch, A.U., Salmon, D.P., Butters, N. (1996): Random number generation in dementia of the Alzheimer type: a test of frontal executive functions. *Neuropsychologia* 34, 97-103.

Brunner, R.J., Kornhuber, H.H., Seemüller, E., Suger, G., Wallesch, C.W. (1982): Basal ganglia participation in language pathology. *Brain and Language* 16, 281-299.

Bruno, Giordano (1548-1600): Ges. Werke. Leipzig 1904-1909.

Buckner, R.L., Kelley, W.M., Pettersen, S.E. (1999): Frontal cortex contributes to human memory formation. *Nature Neurosci.* 1, 211-314.

Bühler, Ch. (1959): Der menschliche Lebenslauf als psychologisches Problem. Göttingen: Verl. f. Psychologie Hogrefe.

Bühler, K. (1929): Die Krisis der Psychologie. 2. Aufl. Jena.

Bunge, M. (1979): Treatise on basic philosophy. Vol. 14, Ontology II: A world of systems. Dordrecht, Boston, London: Reidel.

Burton, H., Sinclair, R.J. (2000): Attending to and remembering tactile stimuli: a review of brain imaging data and single neuron responses. *J. clin. Neurophysiology* 17, 575-591.

Campbell, B.G. (1970): Human evolution, an introduction to man's adaptation. 4. Aufl. Chicago: ALDINE Publ. Comp.

Catafau, A.M., Parellada, E., Lomena, F. et al. (1998): Role of the cingulate gyrus during the Wisconsin Card Sorting Test: a single photon emission computed tomography study in normal volonteers. *Psychiat. Res.* 83, 67-74.

CDBE Europ. Council on Disorders of the Brain (2005): Executive summary. *Eur. J. Neur. Suppl.* 1.

Conrad, B., Kornhuber, H.H. (1967): Zur bilateralen sensorischen Integration beim Menschen: Die Wahrnehmung der Gleichzeitigkeit von rechts- und linksseitigen somatosensiblen und visuellen Reizen bei Gesunden und Kranken mit Großhirnläsionen. *Pflügers Arch. Physiol.* 294, R60-R61.

Conway, M.A., Fthenaki, A. (2003): Disruption of inhibitory control of memory following lesions to the frontal and temporal lobes. *Cortex* 39, 667-686.

Coolidge, F.L., Griego, J.A. (1995): Executive functions of the frontal lobes: psychometric properties of a self-rating scale. *Psychol. Report* 77, 24-26.

Cornfeld, G. (Hg.) (1969): Die Bibel und ihre Welt. Bergisch Gladbach: Lübbe.

Coulmas, F. (2005): Hiroshima. Geschichte und Nachgeschichte. München: Beck.

Creutzfeldt, O.D. (1983): Cortex cerebri. Berlin: Springer. English: 1993. Göttingen: Mary Creutzfeldt.

Cummings, J.L., Frankel, M. (1985): Gilles de la Tourette Syndrome and the neurological basis of obsessions and compulsions. *Biol. Psychiat.* 20, 1117-1126.

Cunnington, R., Windischberger, C., Deecke, L., Moser, C. (1999): The use of single event fMRI and fuzzy clustering analysis to examine haemodynamic response time courses in supplementary motor and primary motor cortical areas. *Biomed. Technik* 44 (Suppl. 2), 116-119.

Cunnington, R., Windischberger, C., Deecke, L., Moser, C. (2002): The preparation and execution of selfinitiated and externally triggered movement: a study of event-related fMRI. *NeuroImage* 15, 373-385.

Current Contents Life Sciences (1990): Citation Classic: Readiness for movement – the Bereitschaftspotential story. 33, 14.

Cusanus, Nikolaus (1488): Opera. Deutsch. Hrsg. Heidelberger Akad. Wiss. 1932ff.

Czikszentmihalyi, M. (1992): Flow, das Geheimnis des Glücks. Stuttgart: Klett-Cotta.

Czikszentmihalyi, M. (1997): Kreativität. Stuttgart: Klett-Cotta.

Danek, A., Göhringer, T. (2005): Kognitive Neurologie und Neurobiologie. In: *Förstl, H.* (Hg.): Frontalhirn. Funktionen und Grundlagen. 2. Auflage. Heidelberg: Springer Medizin Verlag, 41-82.

Darwin, Ch. (1871) The descent of man, and selection in relation to sex. London.

Deci, E.L., (1980): The psychology of self-determinism. Free Press.

Deci, E.L., Ryan, R.M. (1985): Intrinsic motivation and self-determination of human behavior. New York, Plenum Press.

Deci, E.L., Ryan, R.M. (2004): Handbook of Self-determination research. Boydell *&* Brewer.

Deecke, L., Kornhuber, H.H. (1978): An electrical sign of participation of the mesial „supplementary" motor cortex in human voluntary finger movement. *Brain Res.* 159, 473-476.

Deecke, L., Heise, B., Kornhuber, H.H., Lang, M., Lang W. (1984): Brain potentials associated with voluntary manual tracking: Bereitschaftspotential, conditioned pre-motion positivity, directed attention potential, and relaxation potential. Anticipatory activity of the limbic and frontal cortex. In: *Karrer, R., Cohen, J., Tueting, P.* (Hgg.): Ann. N.Y. Acad. Sci. 425. 450-464.

Deecke, L., Scheid, P., Kornhuber, H.H. (1969): Distribution of readiness potential, pre-motion positivity and motion potential of the human cerebral cortex preceding voluntary finger movements. *Exp. Brain Res.* 7, 158-168.

Deecke, L., Grözinger, B., Kornhuber, H.H. (1976): Voluntary finger movement in man: Cerebral potentials and theory. *Biol Cybern* 23, 99-119.

Deecke, L., Kornhuber, H.H. (2003): Human freedom, reasoned will, and the brain: the Bereitschaftspotential story. In: *Jahanshahi, M., Hallet, M.* (Hgg.): The Bereitschaftspotential. New York: Kluwer Academic/Plenum Publ. 283-320.

Delacour, J. (1997): Neurobiology of consciousness: an overview. *Behav. Brain Res.* 85, 127-141.

Demokrit (um 500 v. Chr.): In *Diels, H., Kranz, W.* (Hgg.): Die Fragmente der Vorsokratiker. 18. Aufl. (1989), Zürich: Weidmanns.

Dennett, D. (2003): Freedom evolves. Cambridge Mass.: MIT Press.

Dennett, D. (2005): Sweet Dreams. Philosophical obstacles to a science of consciousness. Cambridge Mass.: MIT Press.

Descartes, R. (1644): Principia philosophiae. Amsterdam: Dt. Philos. Bibl. 28. Hamburg: Meiner 1965.

DeVries, G.J., Miller, M.A. (1998): Anatomy and function of extrahypothalamic vasopressin systems in the brain. *Progr. Brain Res.* 119, 3-20.

Dilthey, W. (1894): Ideen über eine beschreibende und zergliedernde Psychologie. In: *Misch, G.* (Hg.) (1982): Gesammelte Schriften. Band V.

Dostojewski, F.M. (o.J.): Memoiren aus einem Totenhaus. Leipzig: Moser.

Dronkers, N.F., Wilkins, D.P., VanValin, R.D. jr., Redfern, B.B., Jaeger, J.J. (2004): Lesion analysis of the brain areas involved in language comprehension. *Cognition* 92, 145-177.

Dunant, J.H. (1942): Erinnerungen an Solferino und andere Dokumente zur Gründung des Roten Kreuzes. Zürich: Atlantis.

Erasmus von Rotterdam, D. (1524): De libero arbitrio diatribe sive collatio. Dt. Vom freien Willen. Ausgew. Schriften Band VI, 1969.

Eccles, J.C., Zeier, H. (1980): Gehirn und Geist. Zürich: Kindler.

Elf führende Neurowissenschaftler (2004): Das Manifest. Über Gegenwart und Zukunft der Hirnforschung. Gehirn und Geist 6, 30-37.
Emery, N.J., Capitanio, J.P., Mason, W.A., Machado, C.J., Mendoza, S.P., Amaral, D.G. (2001): The effect of bilateral lesions of the amygdala on dyadic social interactions in rhesus monkeys (Macaca mulata). *Behav. Neurosci.* 115, 515-544.
Ernst, C, von Luckner, N. (1985): Stellt die Frühkindheit die Weichen? Eine Kritik an der Lehre von der schicksalhaften Bedeutung erster Erlebnisse. Stuttgart: Enke.
Espy, K.A., Kaufmann, P.M., McDiarmid, M.D., Glisky, M.L. (1999): Executive functioning in preschool children: Performance on A-Not-B and other delayed response format tasks. *Brain and Cognition* 41, 178-199.
Eslinger, P.J., Grattan, E.L., Damasio, H., Damasio, A.B. (1992): Developmental consequences of childhood frontal lobe damage. *Arch. Neurol.* 49, 764-769.
Evans, D.A., Hebert, L.E., Beckett, C.A. et al. (1997): Education and other measures of socioeconomic status and risk of incident Alzheimer disease in a defined population of older persons. *Arch. Neurol.* 54, 1399-1404.
Farrow, T.F., Zheng, Y., Wilkinson, I.D. et al. (2001): Investigating the functional anatomy of empathy and forgiveness. *Neuroreport* 12, 2433-2438.
Federalist, The (Papers von *Alexander Hamilton, James Madison & John Jay*). New York:1788.
Fichte, J.G. (1808): Reden an die deutsche Nation. Sämtliche Werke. 2. Aufl. (1845) Band 7, 281.
Filley, C.M. et al. (2001): Toward an understanding of violence: neurobehavioral aspects of unwarranted physical aggression: Aspen neurobehavioral conference consensus statement. *Neuropsychiat. Neuropsychol. & Behavioral Neurol.* 14, 1-14.
Fischer, R.S., Alexander, M.P., D'Esposito, M., Otto, R. (1995): Neuropsychological and neuroanatomical correlates of confabulation. *J. clin. exp. Neuropsychol.* 17, 20-28.
Flashman, L.A. (2002): Disorders of awareness in neuropsychiatric syndromes: an update. *Current Psychiatry Reports* 4, 346-353.
Fletcher, P.C., Henson, R.N. (2001): Frontal lobes and human memory: insights from functional neuroimaging. *Brain* 124, 849-889.

Frankl, V.E. (1982): Ärztliche Seelsorge. 10. Aufl. Wien: Deuticke.
Frankl, V.E. (1982): Der Wille zum Sinn. 3. Aufl. Bern: Hans Huber.
Frankl, V.E. (1986): Der Mensch vor der Frage nach dem Sinn. 5. Aufl. München: Piper.
Franziscus von Assisi siehe *Goez, W.*
Fratiglioni, L., Ahlbom, A., Vittanen, M. et al. (1993): Risk factors for late-onset Alzheimer's disease: a population based, case-control study. *Ann. Neurol.* 33, 258-266.
Freeman, W.J., Watts, J.W. (1942): Psychosurgery: Intelligence, emotion and social behavior following prefrontal lobotomy for mental disorders. Springfield: Thomas.
Fuster, J.M. (1990): Behavioral electrophysiology of the prefrontal cortex of the primate. In: *Uylings, H.B.M.* et al. (Hgg.): The prefrontal cortex. Amsterdam, New York, Oxford: Elsevier. 313-324.
Fuster, J.M. (1991): Role of prefrontal cortex in delay tasks: evidence from reversible lesion and unit recording in the monkey. In: *Levin, H.S., Eisenberg, H.M., Benton, H.L.* (Hgg).: Frontal lobe function and dysfunction. New York, Oxford: Oxford University Press. 59-78.
Fuster, J.M. (1999): Synopsis of function and dysfunction of the frontal lobe. *Acta Psychiat. Scand. Suppl.* 395, 51-57.
Garden, S.E., Phillips, L.H., MacPherson, S.E. (2001): Midlife aging, open ended planning and laboratory measures of executive function. *Neuropsychology* 15, 472-482.
Gautama (Buddha): s. Buddhismus in H. von *Glasenapp* (1963): Die fünf Weltreligionen. München: Diederichs.
Gaykema, R.P., van Weeghel, R., Hersh, L.B., Luiten, P.G. (1991): Prefrontal cortical projections to the cholinergic neurons in the basal forebrain. *J. comp. Neur.* 303, 563-583.
Gerloff, C., Corwell, B., Chen, R., Hallet, M., Cohen, L.G. (1999): Stimulation over the human supplementary motor area interferes with the organisation of future elements in complex motor sequences. *Brain* 120, 1587-1602.
Global Marshall Plan Initiative (2005): Impulse für eine Welt in Balance. Hamburg: Global Marshall Plan Foundation.
Goel, V., Grafman, J., Sadato, N., Hallett M. (1995): Modelling other minds. *NeuroReport* 6, 1741-1746.

Goethe, J.W. von (1796): Wilhelm Meisters Lehrjahre VII, 6, Artemis Gedenkausgabe. Zürich und Stuttgart (1948): Band 7. 487.

Goez, W. (1983): Franziscus von Assisi. In: *Goez,W.*: Gestalten des Hochmittelalters. Darmstadt: Wiss. Buchgesellschaft. 315-330.

Goldberg, G., Bloom, K.K. (1990): The alien hand sign. Localisation, lateralisation and recovery. *Am. J. Phys. Med. & Rehabil.* 69, 228-238.

Goldin-Meadow, S., Feldman, H. (1977): The development of language-like communication without a language model. *Science* 197, 401-403.

Goldman-Rakic, P.S. (1987): Development of cortical circuitry and cognitive function. *Child Developm.* 58, 601-622.

Goldman-Rakic, P.S. (1990): Cellular and circuit basis of working memory in prefrontal cortex of nonhuman primates. In: *Uylings, H.B.M.* et al. (Hgg.): The prefrontal cortex. Amsterdam, New York, Oxford: Elsevier, 325-336.

Gollwitzer P. (1970): Abwägen und Planen. Göttingen, Hogrefe.

Goschke, Th. (1996): Wille und Kognition. Zur funktionalen Architektur der intentionalen Handlungssteuerung. Pp. 583-663. In: *J. Kuhl, H. Heckhausen* (Hgg.) Enzyklopädie der Psychologie. Vol. Motivation, Volition und Handlung. Göttingen, Hogrefe.

Grandjean, D., Sander, D., Pourtois, G. et al. (2005): The voices of wrath: brain responses to angry prosody in meaningless speech. *Nature Neurosc.* 8, 145-146.

Grotius, H. (1625): De iure belli ac pacis libri tres. Paris.

Gruber, O., Arendt, T., Von Cramon, D.Y. (2005): Neurobiologische Grundlagen. In: *Förstl, H.* (Hg.) Frontalhirn. Funktionen und Grundlagen. 2. Auflage. Heidelberg: Springer Medizin Verlag, 15-40.

Haggard, P. (2008): Human volition: towards a neuroscience of will. *Nature Rev. Neuroscience* 9, 934-946.

Haier, R.J., Jung, R.E., Yeo, R.A., Head, K., Alkire, M.T. (2004): Structural brain variation and general intelligence. *NeuroImage* 23, 425-433.

Halder, G., Callaerts, P., Gehring, W.J. (1995): Induction of ectopic eyes by targeted expression of the eyeless gene in Drosophila. *Science* 267, 1788-1792.

Hartmann, N. (1949): Der Aufbau der realen Welt. Meisenheim: Hain.

Hartmann, N. (1951): Teleologisches Denken. Berlin: De Gruyter.

Heckhausen, H. (1987): Perspektiven einer Psychologie des Wollens. In: *Heckhausen, H., Gollwitzer, P.M., Weinert, F.E.* (Hgg.): Jenseits des Rubikon: Der Wille in den Humanwissenschaften. Berlin, Heidelberg: Springer-Verlag. 121-142.

Hegel, G. F. W. (1821): Grundlinien der Philosophie des Rechts. Berlin: Nicolai. Phil. Bibl. 4. Aufl. 1955, Hamburg: Meiner.

Heimer, L. (2003): A new anatomical framework for neuropsychiatric disorders and drug abuse. *Am. J. Psychiat.* 160, 1726-1739.

Heinroth, J.C.A. (1818): Lehrbuch der Störungen des Seelenlebens. 1. Teil. S. 347. Leipzig: Vogel.

Held, R., Hein, A. (1963): Movement-produced stimulation in the development of visually guided behaviour. *J. Comp. Physiol. Psychol.* 56, 872-876.

Hellbrügge, Th. (Hg.) (1981): Klinische Sozialpädiatrie. Berlin: Springer.

Heraklit (um 500 v. Chr.): Fragmente. In: *Diels, H., Kranz, W.* (Hgg.): Die Fragmente der Vorsokratiker. 18. Auflage (1989). Zürich: Weidmann.

Hershberger, W. (Hg.) (1989): Volitional Action. Conation and Control. Amsterdam, New York: North-Holland.

Hess, W.R. (1949): Das Zwischenhirn. Syndrome, Lokalisationen, Funktionen. Basel: Schwabe.

Heston, L.L., Denny, D.D., Pauley, I.B. (1966): The adult adjustment of persons institutionalized as children. *Brit. J. Psychiatry* 112, 1103-1110.

Hetzer, H. (1987): Zur Psychologie des Kindes. Darmstadt: Wiss. Buchgesellschaft.

Hinkle, L.E., Wolff, H.G. (1957): The methods of interrogation and indoctrination used by the communist state police. *Bull N.Y. Acad. Med.*, 600-615.

Holloway, R.L. (1983) Human paleontological evidence relevant to language behavior. *Hum. Neurobiol.* 2 (3), 105-114

Howard, G.S., Myers, P.R. (1989): Some experimental investigations of volition. In: *Hershberger, W.A.* (Hg.): Volitional Action. Amsterdam, New York: North Holland. 335-352.

Iacoboni, M., Molnar-Szakacz, I., Gallese, V., Buccino, G., Mazziotta, J.C., Rizzolatti, G. (2005): Grasping the intentions of others with one's own mirror neuron system. *PloS. Biol.* 3, e 79, 1-20.

Ihara, H., Berrios, G.E., London, M. (2000): Group and case study of the dysexecutive syndrome in alcoholism without amnesia. *J. Neurol. Neurosurg. & Psychiat.* 68, 731-737.

Ingvar, D. (1994): The will of the brain: cerebral correlates of willful acts. *J. theor. Biol.* 171, 7-12.
Jacobs, R., Anderson, V. (2002): Planning and problem solving skills following focal frontal brain lesions in childhood: analysis using the tower of London. *Child Neuropsychol.* 8, 93-106.
Jacobsen, C.F. (1935): Functions of the frontal association area in primates. *Arch. Neurol. Psychiat.* 33, 558-569.
Jacobsen, C.F., (1936): Studies of cerebral functions in primates. 1. The functions of frontal association areas in monkeys. *Comp. Psychol. Monographs* 13, 3-60.
Jahanshahi, M., Hallet, M. (Hgg.) (2003): The Bereitschaftspotential. Movement-related cortical potentials. New York: Kluwer Plenum.
James, William (1890): The Principles of Psychology. New York: Holt.
Janzarik, W. (1993): Steuerung und Entscheidung, deviante Strukturierung und Selbstkorrumpierung im Vorfeld affektiv akzentuierter Delikte. In: *Saß, H.* (Hg.): Affektdelikte – Interdisziplinäre Beiträge zur Beurteilung von affektiv akzentuierten Straftaten. Berlin, Heidelberg, New York: Springer.
Janzarik, W. (2000): Handlungsanalyse und forensische Bewertung seelischer Devianz. *Nervenarzt* 71, 181-187.
Jaspers, K. (1919): Psychologie der Weltanschauungen. Berlin: Springer.
Jaspers, K. (1936): Nietzsche. Berlin, De Gruyter.
Jaspers, K. (1946): Allgemeine Psychopathologie (Neufassung): Berlin, Heidelberg: Springer.
Jaspers, K. (1951): Solon. In: *Ders.*: Rechenschaft und Ausblick. München: Piper.
Jaspers, K. (1958): Von der Wahrheit. München: Piper.
Jaspers, K. (1977): Was ist Erziehung? München: Piper.
Jessen, P.W.C. (1847): Über die in Beziehung auf Geistes- und Gemütskranke herrschenden Vorurteile. *Allg. Z. Psychiat.* 4, 1-8.
Jones-Gutman, M., Milner, D. (1977): Design fluency. The invention of non-sense drawings after focal cortical lesions. *Neuropsychologia* 15, 653-674.
Jones, E.G., Powell, T.P.S. (1970): An anatomical study of converging sensory pathways within the cerebral cortex of the monkey. *Brain* 93, 793-820.
Kane, R. (Hg.) (2002): The Oxford Handbook of Free Will. New York: Oxford University Press.

Kanfer, F.H., Koroly, P. (1972): Self-control: a behavioristic excursion into the lions den. Behavior Therapy 3: 398-416.

Kanfer, F.H (1977): Self-regulation and self-control. In: *H. Zeier* (Ed.): Die Psychologie des XX. Jahrhunderts. Vol. 4, pp. 793-827. Zürich, Kindler.

Kanfer, F.H (1979): Self-management: Strategies and tactics. Maximizing treatment gains. Academic Press.

Kanfer, F.H (1986): Selbst-Regulation und Verhalten. In: *Heckhausen* et al. (Hgg.): Jenseits des Rubikon. Heidelberg, Springer pp. 286-299

Kant, I. (1785): Grundlegung zur Metaphysik der Sitten. Riga: Hartknoch.

Kant, I. (1795): Zum ewigen Frieden. Königsberg: Nicolovius.

Kawamura, K. (1977): Cortico-cortical fiber connections of the cortical „association" areas of cats, monkeys and man. *Advance in Neurol. Sci. Japan* 21, 1085-1101 and (1973): *Brain Res.* 51, 23-40.

Kierkegaard, S. (1846): Abschließende unwissenschaftliche Nachschrift (zu den philosophischen Brocken) Dt. In: Ges. Werke (190-1922): Jena: Diederichs.

King, A.C., Taylor, C.B., Haskel, W.L., DeBusk, R.F. (1989): Influence of regular aerobic exercise on psychological health. *Health Psychol.* 8, 305-324.

Kleist, K. (1934): Kriegsverletzungen des Gehirns in ihrer Bedeutung für die Hirnlokalisation und Hirnpathologie. Leipzig: Barth.

Knight, R.T., Nakada, T. (1998): Cortico-limbic circuits and novelty: a review of EEG and blood flow data. *Reviews in the Neurosci.* 9, 57-70.

Knight, R.T., Stuss, D.T. (2002): Prefrontal cortex: the present and the future. In: *Stuss, D.T., Knight, R.T.* (Hgg.): Principles of frontal lobe function. New York: Oxford. 573-595.

Kohler, I. (1951): Über Aufbau und Wandlungen der Wahrnehmungswelt. *Sitzungsber. Österr. Akad. Wiss. philos.-histor. Klasse.* 377, 1-118.

Kornhuber, H.H. (1955): Über Auslösung zyklothymer Depressionen durch seelische Erschütterungen. *Arch. Psychiat. Nervenkr.* 193, 391-405.

Kornhuber, H.H. (1961): Psychologie und Psychiatrie der Kriegsgefangenschaft. In: *Gruhle, H.W., Jung, R., Mayer-Gross, W., Müller,*

M. (Hgg.): Psychiatrie der Gegenwart. Band III. Berlin, Göttingen, Heidelberg: Springer. 631-742.
Kornhuber, H.H. (1962): Zur Situationsabhängigkeit von Bedürfnissen und Neurosen nach Erfahrungen in Gefangenenlagern. In: *Krantz, H.* (Hg.): Psychopathologie heute. Festschrift für Kurt Schneider. Stuttgart: Thieme. 252-257.
Kornhuber, H.H. (1965): Zur Bedeutung multisensorischer Integration im Nervensystem. Dtsch. Zschr. F. Nervenkrankh. 187, 478-484.
Kornhuber, H.H. (1972): Tastsinn und Lagesinn. In: *Gauer, O.H., Kramer, K., Jung, R.* (Hgg.): Physiologie des Menschen. Band 11. München, Berlin, Wien: Urban & Schwarzenberg. 51-112.
Kornhuber, H.H. (1973): Neural control of input into longterm memory: limbic system and amnestic syndrome in man. In: *Zippel, H.P.* (Hg.): Memory and transfer of information. New York: Plenum Press.
Kornhuber, H.H. (1974): Cerebral cortex, cerebellum and basal gangalia: an introduction to their motor functions. In: *Schmitt, F.U., Worden, F.G.* (Hgg.): The Neurosciences. Third Study Program. Cambridge Mass.: MIT Press. 267-280.
Kornhuber, H.H. (1977): A reconsideration of the cortical and subcortical mechanisms involved in speech and Aphasia. In: *Desmedt, J.E.* (Hg.): Progr. Clin. Neurophysiol. Vol. 3, Basel: Karger. 28-35.
Kornhuber, H.H. (1978): Zur Situation der Familie. *Der Kinderarzt* 9, 1319-1325.
Kornhuber, H.H. (1978a): Geist und Freiheit als biologische Probleme. In: *Stamm, R.A., Zeier, H.* (Hgg.): Die Psychologie des 20. Jahrhunderts. Band VI, Zürich: Kindler. 1122-1130.
Kornhuber, H.H. (1978b): Wahrnehmung und Informationsverarbeitung. In: *Stamm, R.A., Zeier, H.* (Hrgg.): Die Psychologie des 20. Jahrhunderts. Bd. VI. Zürich: Kindler. 783-798.
Kornhuber, H.H. (1978c): Motorische Systeme und sensomotorische Integration. In: *Stamm, R.A., Zeier, H.* (Hgg.): Die Psychologie des 20. Jahrhunderts. Bd. VI. Zürich: Kindler. 750-762.
Kornhuber, H.H. (1982): Primärprävention des Zigarettenrauchens. In: Rauchen oder Gesundheit. Hamburg: Neuland Verlag. 126-133.

Kornhuber, H.H. (1984): Von der Freiheit. In: *Lindauer, M., Schöpf, A.* (Hgg.): Wie erkennt der Mensch die Welt? Stuttgart: Klett. 83-112.
Kornhuber, H.H. (1984a): Attention, readiness for action, and the stages of voluntary decision. *Exp. Brain Res. Suppl.* 9, 420-429.
Kornhuber, H.H. (1984b): Neue Ansätze zu einer Theorie des Traumschlafs. *Nervenarzt* 55, 54.
Kornhuber, H.H. (1987): Handlungsentschluß, Aufmerksamkeit und Lernmotivation im Spiegel menschlicher Hirnpotentiale, mit Bemerkungen zu Wille und Freiheit. In: *Heckhausen, H., Gollwitzer, P.M., Weinert, F.E.* (Hgg.): Jenseits des Rubikon: Der Wille in den Humanwissenschaften. Berlin, Heidelberg: Springer. 376-401.
Kornhuber, H.H. (1988): The Human brain: from dream and cognition to fantasy, will, conscience, and freedom. In: *Markowitsch, H.J.* (Hg.): Information processing by the brain. Toronto, Bern, Stuttgart: Hans Huber Publ. 241-258.
Kornhuber, H.H. (1988a): Das Risiko Benzodiazepin. *Dt. Ärztebl.* 85, A 536, A 2091.
Kornhuber, H.H. (1992): Gehirn, Wille, Freiheit. *Rev. Metaphys. et Morale.* 2, 203-223.
Kornhuber, H.H. (1993): Prefrontal cortex and Homo sapiens: on creativity and reasoned will. *Neurol. Psychiat. Brain Res* 2, 1-6.
Kornhuber, H.H. (1995): Präfrontalcortex-Funktion und Homo sapiens, in *Lang, W., Deecke, L., Hopf, H.C.* (Hgg.) Verh. Dtsch. Ges. Neurol. 9, 40-48.
Kornhuber, H.H. (2001): Alkohol, auch der normale Konsum schadet. München: Urban & Vogel.
Kornhuber, H.H. (2004): Prävention von Demenz (einschließlich der Alzheimer-Krankheit). *Gesundh. Wes.* 66, 346-351.
Kornhuber, H.H., Bechinger, D., Jung, H., Sauer, E. (1985): A quantitative relationship between the extent oft localized cerebral lesions and and the intellectual and behavioral deficiency in children. *Eur. Arch. Psychiat. Neurol. Sci.* 235, 129-133.
Kornhuber, H.H., Deecke, L. (1964): Hirnpotentialänderungen beim Menschen vor und nach Willkürbewegungen und passiven Bewegungen des Menschen, dargestellt mit Magnetbandspeicherung und Rückwärtsanalyse. *Pflügers Arch. Physiol.* 281, 52.
Kornhuber, H.H., Deecke, L. (1965): Hirnpotentialänderungen bei Willkürbewegungen und passiven Bewegungen des Menschen:

Bereitschaftspotential und reafferente Potentiale. *Pflügers Arch. Physiol.* 284, 1-17.

Kornhuber, H.H., Deecke, L., Lang, W., Lang, M., Kornhuber, A. (1989): Will, volitional action, attention and cerebral potentials in man: Bereitschaftspotential, performance related potentials, directed attention potential. EEG-spectrum changes. In: *Hershberger, W.A.* (Hg.): Volitional action. Amsterdam: Elsevier. 107-168.

Kornhuber, H.H., Füchtner, J. (1992): More than tenfold increase of alcoholism in women since 1968. *Neurol. Psychiat. Brain Res.* 1, 46-48.

Kornhuber, H.H., Schütz, A. (1990): Efficient treatment of neurogenic bladder in multiple sclerosis with initial intermittend catheterization and ultrasound-controlled training. *Europ. Neurol.* 30, 260-267.

Kosfeld, M., Heinrichs, M., Zak, P.J., Fischbacher, U. & Fehr, E. (2005): Ocytocin increases trust in humans. *Nature* 435/2, 673-676.

Kotima, A.J., Moilanen, I., Taanila, A., Ebeling, H., Smalley, S.L., McGouch, J.J., Hartikainen, A.L., Jaervelin, M.R. (2003): Maternal smoking and hyperactivity in 8-year old children. *J. Amer. Acad. Child Adolesc. Psychiat.* 42, 826-833.

Kropotkin, P.A. (1902): Mutual aid. London. Dt. (1904): Gegenseitige Hilfe in der Entwicklung. Leipzig: Thomas.

Kuhl, J. (1986): Motivation und Handlungskontrolle: Ohne guten Willen geht es nicht. In: *H. Heckhausen, P.M. Gollwitzer, F.E. Weinert* (Hgg.): Jenseits des Rubikon. Heidelberg, Springer, pp. 101-120.

Kuhl, J. (1994): A theory of action and state orientation. In: *J. Kuhl & J. Beckmann* (Eds.): Volition and personality: action and state orientation. Göttingen, Hogrefe.

Kuhl, J. (1996): Wille und Freiheitserleben: Formen der Selbststeuerung. In: Enzyklopädie der Psychologie, Vol. Motivation. Göttingen, Vandenhoeck & Ruprecht, pp. 665-765.

Kungtse (um 500 v.Chr.): Lun-yü. Gespräche. (1955): übers. V. R. Wilhelm. München: Diederich. (1989): übers. v. *Bock, K.* Kettwig: Phaidon.

Kwon, J.S., Kim, J.J., Lee, D.W. et al. (2003): Neural correlates of clinical symptoms and cognitive dysfunctions in obsessive compulsive disorder. *Psychiat. Res.* 122, 37-47.

Lang, W., Lang, M., Kornhuber, A., Deecke, L., Kornhuber, H.H. (1983): Human cerebral potentials and visuomotor learning. *Pflügers Archiv. Eur. J. Physiol.* 399, 342-344.
Lang, W., Lang, M., Heise, B., Deecke, L., Kornhuber, H.H. (1984) Brain potentials related to voluntary hand tracking, motivation and attention. *Hum Neurobiol* 3: 235-240
Lang, W., Lang, M., Kornhuber, A., Kornhuber, H.H. (1986): Electrophysiological evidence for right frontal lobe dominance in spatial visuo-motor learning. *Arch. Ital. Biol.* 124, 1-13.
Lang, M., Lang, W., Uhl, F., Kornhuber, A. (1989): Patterns of event related potentials in paired associative learning tasks: Learning and directed attention. In: *Maurer, K.* (Hg.): Topographic brain mapping in EEG and evoked potentials. Heidelberg: Springer. 323-325.
Lashley, K.S. (1931): Mass action in cerebral function. Science 73: 245-254.
Lee, A.C., Robbins, T.W., Smith, S., Calvert, G.A., Tracey, I., Matthews, P., Owen, A.M. (2002): Evidence for asymmetric frontal-lobe involvement in episodic memory from functional magnetic resonance imaging and patients with unilateral frontal-lobe excisions. *Neuropsychologia* 40, 2420-2437.
Lee, M., Vaughn, B.E., Kopp, C.B. (1983): Role of self-control in the performance of very young children on a delayed-response memory-for-location task. *Devel. Psychol.* 19, 40-44.
Lengfelder, A., Gollwitzer, P.M. (2001): Reflective and reflexive action control in patients with frontal brain lesion. *Neuropsychol.* 15, 80-100.
Lenski, G. (1970): Human societies. A macrolevel introduction to sociology. New York.
Leon, D.A., Chenet, L., Shkolnikov, V.H., Zakharov, S., Shapiro, J., Rakhmanova, G., Vassin, S., McKee, M. (1997): Huge variation in Russian mortality rates 1984-1994: Artefact, alcohol, or what? *Lancet* 350, 383-388.
Leubuscher (1847): Über Abulie. *Zeitschr. für Psychiat.* 4, 562-578.
Levin, H.S., Culhane, K.A., Hartmann, J., Evankovich, K., Mattson, A.J., Harward, A., Ringholz, B. Ewing-Cobbs, L., Fletcher, J.M. (1991): Developmental changes in performance on tests on purported frontal lobe functioning. *Dev. Neuropsychol.* 7, 377-395.

Levine, B., Robertson, I.H., Clare, L., Carter, G., Hong, J., Wilson, B.A., Duncan, J., Stuss, D.T. (2000): Rehabilitation of executive functioning: an experimental-clinical validation of goal management training. *J. Internat. Neuropsychol. Soc.* 6, 299-312.

Lewin, K. (1926): Vorsatz, Wille und Bedürfnis. *Psychol. Forschung* 7, 330-385.

Leynes, P.A:, Marsh, R.L., Allen, J.D., Mayhorn, C.B. (2003): Investigating the encoding and retrieval of intentions with event-related potentials. *Consciousness & Cognition* 12, 1-18.

Libet, B., Gleason, C.A., Wright, E.W., Pearl, D.K. (1983): Time of conscious intention to act in relation to onset of cerebral activity (readiness potential). *Brain* 106, 623-642.

Libet, B. (1985): Unconscious cerebral initiative and the role of conscious will in voluntary action. *Behav. & Brain Sci.* 8, 529-566.

Libet, B., Freeman, A., Sutherland, K. (Hgg.) (1999): The volitional brain. Towards a neuroscience of free will. Thovrenton UK: Imprint Academic.

Lindworski, J. (1923): Der Wille. Leipzig: Barth.

London, E.D., Ernst, M., Grant, S., Bonson, K., Weinstein, A. (2000): Orbitofrontal cortex and human drug abuse: functional imaging. *Cerebral Cortex* 10, 334-342.

Lordkipanidze, D. et al. (2005): The earliest toothless hominin skull. *Nature* 434, 717-718.

Lovejoy, D.W., Ball, J.D., Keats, M. et al. (1999): Neuropsychological performance of adults with attention deficit hyperactivity disorder (ADHD): diagnostic classification estimates for measures of frontal lobe/executive functioning. *J. Internat. Neuropsychol. Soc.* 5, 222-233.

Löwith, K. (1953): Weltgeschichte und Heilsgeschehen. Stuttgart: Kohlhammer.

Maimon, S. (1792) In: Karl Philipp Moritz' *Magazin zur Erfahrungsseelenkunde.* Band 9. S. 9. Berlin: Mylius.

MacKay, D.M. (1973): The logical indeterminateness of human choices. *Brit. J. Phil. Sci.* 24, 405-408.

Malberg, J.E. (2004): Implications of adult hippocampal neurogenesis in antidepressant action. *Rev. Psychiat. Neurosci.* 29, 196-205.

Mäkinen, I.H. (2000): Eastern European transition and suicide mortality. *Soc. Sci. and Med.* 51, 1405-1420.

Malloy, P.F., Richardson, E.D. (1994): Assessment of frontal lobe functions. *J. Neuropsychiat. & Clin. Neurosci.* 6, 399-410.
Manetti, G. (1532): De dignitate et excellentia hominis, Basel. Deutsch: Über Würde und Erhabenheit des Menschen. Hamburg, Meiner 1990 (Philos. Bibl. 426).
Mangels, J.A. (1997): Strategic processing and memory for temporal order in patients with frontal lobe lesions. *Neuropsychology* 11, 207-211.
Markowitsch, H-J. (2002): Dem Gedächtnis auf der Spur. Vom Erinnern und Vergessen. Darmstadt: Wiss. Buchgesellschaft.
Mataro, M., Jurado, M.A., Garcia-Sanchez, C. et al. (2001): Long-term effects of bilateral frontal brain lesion: 60 years after injury with an iron bar. *Arch. Neurol.* 58, 1139-1142.
Matthey, A. (1816): Nouvelles recherches sur les maladies de l'esprit précédées de considérations sur les difficultés de l'art de guérir. Paris: J. J. Paschoud.
Meck, W.H., Benson, A.M. (2002): Dissecting the brains internal clock: how fronto-striatal circuitry keeps time and shifts attention. *Brain & Cognition* 48, 195-211.
Mega, M.S., Cummings, J.L. (1994): Frontal subcortical circuits and neuropsychiatric disorders. *J. Neuropsychiat. & Clin. Neurosci.* 6, 358-370.
Mick, E., Biederman, J., Faraone, S.V., Sayer, J., Kleinman, S. (2002): Case-control study of attention-deficit hyperactivity disorder and maternal smoking, alcohol use, and drug use during pregnancy. *J. Amer. acad. child adolesc. psychiat.* 41, 378-385.
Miller, E.K. (2000): The prefrontal cortex and cognitive control. *Nature Rev.Neurosci.* 1, 59-65.
Milner, B. (1964): Some effects of frontal lobectomy in man. In: *Akert, K., Warren, J.M.* (Hgg.): The frontal granular cortex and behavior. New York: McGraw Hill. 313-334.
Milner, B. (1982): Some cognitive effects of frontal-lobe lesions. *Trans. R. Soc. London* B 298, 211-226.
Milner, B., Petrides, M. (1984): Behavioural effects of frontal lobe lesions in man. *Trends neurosci.* 7, 403-407.
Mitscherlich, A. zitiert nach *S. Haddenbrock* (1972): Strafrechtliche Handlungsfähigkeit und „Schuldfähigkeit“ (Verantwortlichkeit). In: *Göppinger, H., Witter H.* (Hgg.) Handbuch der forensischen Psychiatrie II. Berlin Heidelberg: Springer. S.885.

Miyake, A., Freidman, N.P., Emerson, M.J., Witzki, A.H., Howerter, A., Wagner, T.D. (2000): The unity and diversity of executive functions and their contributions to complex „frontal lobe" tasks: a latent variable analysis. *Cognit. Psychol.* 41, 49-100.

Molina, B.S., Bukstein, O.G., Lynch, K.G. (2002): Attention-deficit/ hyperactivity disorder symptomatology in adolescents with alcohol use disorder. *Psychol. addictive behav.* 16, 161-164.

Moll, J., de Oliveira-Souza, R., Moll, F.T., Bramati, I.E., Andreiuolo, P.A. (2002): The cerebral correlates of set-shifting: an fMRI study of the trail making test. *Arquiv. Neuro-Psiquat.* 60, 900-905.

Montesquieu, C.L. (1748): De l'esprit des lois. Genf.

Morrison, A., Resnik, S., Corrada, M., Zonderman A., Kawas, C. (1996): A prospective study of estrogen replacement therapy and the risk of developing Alzheimer's disease in the Baltimore longitudinal study of aging. *Neurology* 46 (suppl. 2), 435-436.

Motive zu dem Entwurf eines Bürgerlichen Gesetzbuches für das Deutsche Reich. (1888): Amtliche Ausgabe, Band I. Berlin: Guttentag (zitiert nach *Brezinka*).

Mountcastle, V.B. (1957): Modality and topographic properties of single neurons of cat's somatic sensory cortex. *J. Neurophysiol.* 20, 408-434.

Mountcastle, V.B. (1998): Perceptual Neuroscience. The cerebral cortex. Cambridge Mass.: Harvard University Press.

Mutius, A. von (Hg.) (1992): Lorenz von Stein. Heidelberg: Deckers Verlag.

Namekawa, M., Fujii, T., Nishizawa, M., Nakano, I. (1999): A case of abulia without memory disturbance due to infarction of the bilateral genua of the internal capsules. Rinsho Shinkeigaku – *Clinical Neurology* 39, 767-770.

Nauta, W.J.H. (1971): The problem of the frontal lobe: a reinterpretaion. *J. Psychiat. Res.* 8, 167-187.

Newton, I. (1733): Observations on the prophecies of Daniel and the apocalypse of St. John. London.

Nida-Rümelin, J. (2005): Über menschliche Freiheit. Stuttgart, Reclam.

Nietzsche, F. (1880): Nachlass der Achtziger Jahre. In: *Schlechta* (Hg.): Werke III, 542.

Noelle-Neumann, E. (1980): Die Schweigespirale. Öffentliche Meinung: unsere soziale Haut. München: Piper.

Noelle-Neumann, E. (1997): Wie die Skala Persönlichkeitsstärke entdeckt wurde. In: Allensbacher Jahrbuch der Demoskopie. Band 10, 1993-1997. München: Saur. 74-80.

Norman, D.A., Shallice, T. (1986): Attention to action. In: *Davidson, J.R. Schwartz, G.E., Shapiro, D.* (Hgg.): Consciousness and selfregulation. New York: Plenum Press. 1-18.

Norman, D.A., Shallice, T. (2000): Attention to action: willed and automatic control of behaviour. In: *M. Gazzaniga* (Ed.): Cognitive Neurocience. Wiley & Blackwell, pp. 376-390.

Numan, M. (1994): A neural circuitry analysis of maternal behavior in the rat. *Acta pediat. Suppl.* 379, 19-28.

Okuda, J., Fujii, T., Yamadori, A., Kawashima, R., Tsukiura, T., Fukatsu, R., Suzuki, K, Ito, M., Fukuda, H. (1998): Participation of the prefrontal cortices in prospective memory: evidence from a PET study in humans. *Neurosci. Lett.* 253, 127-130.

Olivi, P.J. (1248-1298), Franziskanertheologe in Monpellier, s. *Stadter.*

O'Malley, K.D., Nanson, J. (2002): Clinical implications of a link between fetal alcohol spectrum disorder and attention-deficit hyperactivity disorder. *Canad. J. psychiat.* 47, 349-354.

Owen, A.M., Morris, R.G., Sahakian, B.J., Polkey, C.E., Robbins, T.W. (1996): Double dissociations of memory and executive functions in working memory tasks following frontal lobe excisions, temporal lobe excisions or amygdalo-hippocampectomy in man. *Brain* 119, 1597-1615.

Panaitios von Rhodos (185-109 v.Chr.), Begründer der mittleren Stoa. s. *Pohlenz.*

Paganini-Hill, A., Henderson, V.W. (1994): Estrogen deficiency and risk of Alzheimer's disease in women. *Am. J. Epidemiol.* 140, 256-261.

Pandya, D.N., Yeterian, E.H. (1990): Prefrontal cortex in relation to other cortical areas in rhesus monkey: Architecture and connections. In: *Uylings, H.B.M.* et al. (Hgg.): The prefrontal cortex. Amsterdam, New York, Oxford: Elsevier. 63-94.

Pate, R.R., Pratt, M., Blair, St.N. et al. (1995): Physical activity and public health. A recommendation from the centers for disease control and prevention and the American college of sports medicine. *J.A.M.A.* 273, 402-407.

Petrides, M. (1996): Specialized systems for the processing of mnemomic information within the primate frontal cortex. Phil. Trans. Roy. Soc. (Lond.) *Biol. Sci.* 351, 1455-1462.

Petrides, M. (1997): Visuo-motor conditional associative learning after frontal and temporal lesions in the human brain. *Neuropsychologia* 35, 989-997.

Petrides, M., Pandya, D.N. (2002): Association pathways of the prefrontal cortex and functional observations. In: *Stuss, D.T., Knight, R.T.* (Hgg.): Principles of frontal lobe function. New York: Oxford. 32-50.

Pico della Mirandola, G. (1496): De hominis dignitate. Über die Würde des Menschen. (1990): Philos. Bibl. 427, Hamburg: Meiner.

Planck, M. (1949): Kausalgesetz und Willensfreiheit. Und: Vom Wesen der Willensfreiheit. In: Vorträge und Erinnerungen. 5. Auflage. Stuttgart: Hirzel.

Platon (427-347 v. Chr.): Gorgias, Symposion, Teaitet, Politeia., Nomoi, Siebenter Brief.

Pohlenz, M. (1992): Die Stoa. 7. Auflage. Göttingen: Vandenhoeck & Rupprecht.

Poldrack, R.A., Gabrieli, J-D.E. (1997): Functional anatomy of long term memory. *J. Clin. Neurophysiol., Neurophysiol. Memory* 14, 294-310.

Popper, K.R. & Eccles J.C. (1977): The self and its brain. Berlin, New York, London: Springer International.

Posner, M.I., Petersen, S.E. (1990): The attention system of the human brain. *Ann. Rev. Neurosci.* 13, 25-42.

Powell, T.P.S. & Mountcastle, V.B. (1959): Some aspects of functional organisation of the cortex of the postcentral gyrus of the monkey: a correlation of findings obtained in a single unit analysis with cytoarchitecture. *Bull. Johns Hopkins Hosp.* 105, 133-162.

Prather, M.D., Lavenex, P., Mauldin-Jourdain, M.L., Mason, W.A., Capitanio, J.P., Mendoza, S.P., Amaral, D.G. (2001): Increased social fear and decreased fear of objects in Monkeys with neonatal amygdala lesions. *Neuroscience* 106, 653-658.

Price, C.J., Waburton, E.A., Moore, C.J. et al. (2001): Dynamic diaschisis: anatomically remote and context-sensitive human brain lesions. *J. cognit. neurosci.* 13, 419-429.

Quiring, R., Walldorf, U., Kloter, U., Gehring, W.J. (1994): Homology of the eyeless gene of Drosophila to the small eye gene in mice and Aniridia in humans. *Science* 265, 785-789.
Raiffeisen, F.W. (1866): Die Darlehenskassen – Vereine als Mittel zur Abhilfe der Noth der ländlichen Bevölkerung sowie auch der städtischen Handwerker und Arbeiter. Neuwied: Strüder.
Rawls, J. (1957): Justice as fairness. *Journ. Philosophy* 54: 653-662.
Regard, M. (1991): The perception and control of emotion: Hemispheric differences and the role of the frontal lobes. Habilitationsschrift. Zürich.
Regard, M., Landis, T. (1997): Gourmand syndrome. Eating passion associated with right anterior lesions. *Neurology* 48, 1185-1190.
Regard, M. Strauss, E., Knapp, P. (1982): Childrens production on verbal and non-verbal fluency tasks. *Perceptual and motor skills* 55, 839-844.
Reiner, H. (1949): Das Prinzip von Gut und Böse. Freiburg: Alber.
Reiner, H. (1964): Der Sinn unseres Daseins. Tübingen: Niemeyer.
Reischies, F.M. (2005): Psychopathologie. In: *Förstl, H.* (Hg.): Frontalhirn. Funktionen und Grundlagen. 2. Auflage. Heidelberg: Springer Medizin Verlag. 83-102.
Rektor, I., Kubova, D., Bares, M. (2001): Movement-related potentials in the basal ganglia: an SEEG readiness potential study. *Clin. Neurophysiol.* 112, 2146-2153.
Revel, J.-F. (1990): Die Herrschaft der Lüge. Wien: Zsolnay.
Rhee, S.H., Waldmann, D. (2002): Genetic and environmental influences on antisocial behavior. *Psychol. Bull.* 128, 490-529.
Rohracher, H. (1932): Theorie des Willens auf experimenteller Grundlage. Leipzig: Barth.
Rolls, E.T. (1983): The initiation of movements. In: *Massion, J., Paillard, J., Schultz, W., Wiesendanger, M.* (Hgg.): Neural coding of motor performance. *Exp. Brain Res. Suppl.* 7, 24.
Rolls, E.T. (1999): The brain and emotion. Oxford: University Press.
Rolls, E.T. (2000): Memory systems in the brain. *Ann. Rev. Psychol.* 51, 599-630.
Rolls, E.T. (2002): The functions of the orbitofrontal cortex. In: *Stuss, D.T., Knight, R.T.* (Hgg.): Principles of frontal lobe function. New York: Oxford. 354-375.

Roth, G. (2001): Fühlen, Denken, Handeln. Wie das Gehirn unser Verhalten steuert. Frankfurt: Suhrkamp.

Roth, G. (2008): Mit Bauch und Hirn. Die Zeit Nr. 48 (20.11.08).

Rowland, A.S., Lesesne, C.A., Abramowitz, A.J. (2002): The epidemiology of attention-deficit/hyperactivity disorder (ADHD): a public health view. *Ment. Retard. Developm. Disabil. Res. Rev.* 8, 162-170.

Royall, D.R., Lauterbach, E.C., Cummings, J.L., Reeve, A., Rummans, T.A., Kaufer, D.I., LaFrance, W.C. jr., Coffey, C.E. (2002): Executive control function: a review of its promise and challenges for clinical research. A report from the committee on Research of the American Neuropsychiatric Association. *J. Neuropsychiat. & Clin. Neurosci.* 14, 377-405.

Rushton, J.P. (2004): Genetic and environmental cotributions to pro-social attitudes: a twin study of social responsibility. *Proc. R. Lond. B Soc.* 2941, 2583-2585.

Rylander, G. (1939): Personality changes after operations on the frontal lobes. A clinical study of 32 cases. *Acta Psychiat. Scand. Suppl.* 20, 1-327.

Sabbagh, M.A., Moulson, M.C., Harkness, K.L. (2004): Neural correlates of mental state decoding in human adults: an event-related potential study. *J. Cognit. Neurosci.* 16, 415-426.

Scepkowski, L.A., Cronin-Golomb, A. (2003): The alien hand: cases, categorizations, and anatomical correlates. *Behav. Cognit. Neurosci. Rev.* 2, 261-277.

Scheler, M. (1928): Die Stellung des Menschen im Kosmos. Darmstadt: Reichl.

Schelling, F.W.J. (1808): Philosophische Untersuchung über das Wesen der menschlichen Freiheit. In: Sämtl. Werke (1856/7): I/7, 350.

Schmidt, W.J. (2000): Glutamatergic mechanisms in addiction. *Neurol. Psychiat. Brain Res.* 8, 75-80.

Schneider, K. (1966): Klinische Psychopathologie. 7. Auflage. Stuttgart: Thieme.

Schnider, A. (2001): Spontaneous confabulation, reality monitoring, and the limbic system – a review. *Brain Res. Rev.* 36, 150-160.

Schopenhauer, A. (1819): Die Welt als Wille und Vorstellung, § 60. Sämtl. Werke, Vol. 3 Leipzig: Brockhaus.

Schopenhauer, A. (1840): Über die Freiheit des menschlichen Willen. In: Sämtl. Werke, Leipzig: Brockhaus (1937).
Schore, A.N. (2000): Attachment and the regulation of the right brain. Attachment & human developement 2, 23-47.
Schweitzer, A. (1931): Aus meinem Leben und Denken. Hamburg: Meiner.
Schweitzer, A. (1969): Kultur und Ethik. München: Beck.
Schweitzer, I.,Tuckwell, V., Ames, D., O'Brien, J. (2001): Structural neuroimaging studies in late life depression: a review. *World J. Biol. Psychiat.* 2, 83-88.
Scott, S.K., Young, A.W., Calder, A.J., Hellawell, D.J., Aggleton, J.P., Johnson, M. (1997): Impaired auditory recognition of fear and anger following bilateral amygdala lesions. *Nature* 385, 254-257.
Seebass, G. (1993): Freiheit und Determinismus. Z. f. philosoph. Forsch. 47, 223-245.
Seebass, G. (2007): Willensfreiheit und Determinismus. Berlin, Akademieverlag.
Shallice, T. (1982) Specific impairments of planning. *Phil. Trans. Roy. Soc. Lond.* (Biol.) 298, 199-209.
Shallice, T. (2002): Fractionation of the supervisionary system. In: *Stuss, D.T., Knight, R.T.* (Hgg.): Principles of frontal lobe function. New York: Oxford. 261-277.
Shallice, T., Burgess, P. (1991): Higher-order cognitive impairments and frontal lobe lesions in man. In: *Levin, H.S., Eisenberg, H.M., Benton, A.L.* (Hgg.): Frontal lobe function and dysfunction. New York, Oxford: Oxford University Press, 125-138.
Shapiro, K.A., Pascual-Leone A., Motthagy, F.M., Gangitano, M., Caramazza, A. (2001): Grammatical distinctions in the left frontal cortex. *J. cognitive neurosci.* 13, 713-720.
Shkolnikov, V.M., Field, M.G., Andreev, E.M. (2001): Russia: Socioeconomic dimensions of the gender gap in mortality. In: *Evans, T.* (Hg.): Challenging inequalities in death – from ethics to action. New York, Oxford: University Press. 138-155.
Simon, H. (1927, 1929): Aktive Krankenbehandlung in der Irrenanstalt. *Allg. Z. Psychiat.* 87, 97-145. 90, 69-121 und 245-309.
Singer, W. (2002): Vom Gehirn zum Bewusstsein. In: Der Beobachter im Gehirn. Frankfurt: Suhrkamp. 60-76.
Singer, W. (2003): Ein neues Menschenbild. Frankfurt: Suhrkamp.
Singer, W. (2003): Unser Wille kann nicht frei sein. Hamburg: *Spiegel spezial* 4, 20-25.

Singer, W. (2004): Verschaltungen legen uns fest. Wir sollten aufhören, von Freiheit zu sprechen. In: C. Geyer (Hg.) Hirnforschung und Willensfreiheit. Frankfurt a. M., Suhrkamp, pp. 30-65.

Sokrates (um 430 v.Chr.): siehe *Platon*: Phaidon, sowie *Xenophon*: Erinnerungen.

Solon (etwa 640-560 v.Chr.): siehe *Jaspers*.

Solschenyzin, A. (1974): Der Archipel Gulag. Bern: Scherz.

Soon, C.S., Brass, M., Heinze, H.J., Haynes, J.D. (2008): Unconscious determinants of free decisions in the human brain. Nature Neurosci. 11: 543-545.

Sophokles (ca. 433 v.Ch.) Antigone. Anfang, Chor.

Spatt, J., Goldenberg, G. (1993): Components of random generation by normal subjects and patients with dysexecutive syndroma. *Brain & cognition* 23, 231-242.

Spatz, H. (1951): Menschwerdung und Gehirnentwicklung. Nachrichten der Giessener Hochschulgesellschaft 20: 32-55.

Sperry, R.W. (1974): Lateral specialisation in the surgically separated hemispheres. In: *Schmitt, O., Worden, F.G.* (Hgg.): The Neurosciences. Third study program. Cambridge, Mass.: MIT Press. 5-19.

Spinoza, B. (1677): Ethica ordine geometrico demonstrata. Dt.: Ethik. Philosoph. Bibl. 92. Hamburg: Meiner.

Spranger, E. (1924): Psychologie des Jugendalters. Heidelberg: Quelle & Meyer.

Stadter, E. (1971): Psychologie und Metaphysik der menschlichen Freiheit. München, Paderborn, Wien: Verlag Ferdinand Schöningh.

Stein, H.F.K. Frh. vom und zum (1929): Ausgewählte Schriften. Jena: Fischer.

Stein, L. von (1815-1890): s. *Mutius, A. von.*

Steinbuch, K. (1965): Automat und Mensch. 3. Aufl. Heidelberg: Springer.

Stephan, H., Baron, G., Frahm, H.D. (1988): Comparative size of brains and brain components. *Neurosciences* 4, 1-38.

Stuss, D.T. (1992): Biological and psychological development of executive functions. *Brain & Cognition* 20, 8-23.

Stuss, D.T., Alexander, M.P., Floden, D. et al. (2002): Fractionation and localisation of distinct frontal lobe processes: Evidence from focal lesions in humans. In: *Stuss, D.T., Knight, R.T.*

(Hgg.): Principles of frontal lobe function. New York: Oxford. 392-407.

Stuss, D.T., Benson, D.F. (1984): Neuropsychological studies of the frontal lobes. *Psychol. Bull.* Vol. 95, 1, 3-28.

Stuss, D.T., Benson, D.F. (1986): The frontal lobes. New York: Raven.

Stuss, D.T., Toth, I.P., Franchi, D., Alexander, M.P., Tippers, S., Craik, F.I. (1999): Dissociation of attentional processes in patients with focal frontal and posterior lesions. *Neuropsychologia* 37, 1005-1027.

Süllwold, L. (1977): Verhaltenstherapie an Hand von klinischen Fällen. In: *Zeier, H.* (Hg.): Die Psychologie des 20. Jahrhunderts. Bd. 4, 713-763. Zürich: Kindler.

Swanson, L.W., Petrovich, G.D. (1998): What is the amygdala? *Trends in Neurosci.* 21, 323-331.

Tang, M.X., Jacobs, D., Stern, Y. et al. (1996): Effects of estrogen during menopause on risk and age at onset of Alzheimer's disease. *Lancet* 348, 429-432.

Tapert, S.F., Baratta, M.V., Abrantes, A.M., Brown, S.A. (2002): Attention dysfunction predicts substance involvement in community youths. *J. Amer. Acad. Child Adolesc. Psychiat.* 41, 680-686.

Tatemichi, T.K., Desmond, D.W., Prohovnik, I. (1995): Strategic infarcts in vascular dementia: a clinical and brain imaging experience. *Arzneimittelforschung* 45, 371-385.

Taylor, C.B., Sallis, J.F., Needle, R. (1985): The relationship of physical activity and exercise to mental health. *Public Health Rep.* 100, 195-201.

Teuber, H.L. (1964): The riddle of the frontal lobe function. In: *Akert, K., Warren, J.M.* (Hgg.): The frontal granular cortex and behavior. New York: McGraw Hill.

Thaiss, L., Petrides, M. (2003): Source versus content memory in patients with a unilateral frontal cortex or a temporal lobe excision. *Brain* 126, 1112-1126.

Thomae, H. (1969): Entwicklung und Prägung. In: *Thomae, H.* (Hg.): Entwicklungspsychologie. In: *Lersch, Ph.* u.a. (Hgg.): Handbuch der Psychologie. Bd. 3, 240. Göttingen: Verl. f. Psychologie. Göttingen, Hogrefe.

Thorpe, S. J., Rolls, E.T., Maddison, S. (1983): The orbito-frontal cortex: Neuronal activity in the behaving monkey. *Exp. Brain Res.* 49, 93-115.

Tobias, P.V. (1987): The brain of Homo habilis. A new level of organisation in cerebral evolution. *J. Hum. Evol.* 16, 741-761.

Tönnies, F. (1887): Gemeinschaft und Gesellschaft. Neudruck Darmstadt, Wiss. Buchges. 1979.

Uhl, F., Goldenberg, G., Lang, W., Lindinger, G., Steiner, M., Deecke, L. (1990): Cerebral correlates of imagining colors, faces and a map – II. Negative DC-potentials. *Neuropsychologia* 28, 81-93.

Uhl, F., Franzen, P., Podreka, I., Steiner, M., Deecke, L. (1993): Increased cerebral blood flow in inferior occipital cortex and cerebellum of early blind humans. *Neurosc. Lett.* 150, 162-164.

Uhl, F., Kretschmer, G., Lindinger, G., Goldenberg, G., Lang, W., Deecke, L. (1994): Tactile mental imagery in sighted persons and in patients suffering from peripheral blindness early in life. *Electroenceph. Clin. Neurophysiol.* 91, 249-255.

Van der Werf, Y.D., Weerts, J.G., Jolles, J. et al. (1999): Neuropsychological correlates of a right unilateral lacunar thalamic infarction. *J. Neurol. Neurosurg. Psychiat.* 66, 36-42.

Vecera, S.P., Rizzo, M. (2003): Spatial attention: Normal processes and their breakdown. *Neurol. Clinics* 21, 575-607.

Vergese, J., Lipton, R.B., Katz, M.J. et al. (2003): Leisure activities and the risk of dementia in the elderly. *N. Engl. J. Med.* 348, 2508-2516.

Verschuer, O. von (1954): Wirksame Faktoren im Leben des Menschen. Wiesbaden: Steiner.

Vuilleumier, P., Armony, J.L., Driver, J. , Dolan, R.J. (2001): Effects of attention and emotion on face processing in the human brain: an event-related fMRI study. *Neuron* 30, 829-841.

Wallesch, C.W. (1990): Program generator revisited: The role of the basal ganglia in language and communication. In: *Deecke, L.* et al. (Hgg.): From neuron to action. Heidelberg: Springer. 299-304.

Watson, J.B. (1913): Psychology as a behaviorist views it. *Psychol. Rev.* 20,158-177.

Weber, M. (1922): Gesammelte Aufsätze zur Wissenschaftslehre. Tübingen: Mohr (Siebeck).

Welsh, M.C., Pennington, B.F., Groisser, D.B. (1991): A normative developmental study of executive function: a window on prefrontal function in children. *Developm. Neuropsychol.* 7, 131-149.

Wheeler, M.A., Stuss, D.T., Tulving, E. (1997): Toward a theory of episodic memory: The frontal lobes and autonoetic consciousness. *Psychol. Bull.* 121 (3), 331-354.

Wilson, R.S., de Mendes Leon, C.F., Barnes L.L. et al. (2002): Participation in cognitively stimulating activities and risk of incident Alzheimer disease. *J. Amer. Med. Ass.* 287, 742-748.

Wilson, R.S., Bennett, D.A., Bienias, J.L. et al. (2002): Coincident AD in a population based sample of older persons. *Neurology* 59, 1910-1914.

Wise, S.P., Murray, E.A., Gerfen, C.R. (1996): The frontal cortex – basal ganglia system in primates. *Crit. Rev. Neurobiol.* 10, 317-356.

Writing Group of the Women's Health Initiative Investigation (2002): Risks and benefits of estrogen plus progestine in healthy postmenopausal women: principal results from the Women's Health Initiative randomized control trial. *J. Am. Med. Ass.* 288, 321-333.

Xenophon (um 400 v. Chr.): Erinnerungen an Sokrates. Deutsch bei Heimeran.

Yoshitake, T., Kiyohara, Y., Kato, I. et al. (1995): Incidence and risk factors of vascular dementia and Alzheimers disease in a defined elderly Japanese population: the Hisayma study. *Neurology* 45, 1161-1168.

Yunus, M. (2006): Für eine Welt ohne Armut. Bergisch-Gladbach: Bastei-Lübbe 2006 (zuerst: Paris 1997).

Zeier, H. (1981): Gehirn und Geist. In: *Wendt, H.* (Hg.): Der Mensch. Kindlers Enzyklopädie. Bd. 4. Zürich: Kindler. 725-738.

Ziegler, W., Kilian, B., Deger, K. (1997): The role of the left mesial frontal cortex in fluent speech: evidence from a case of left supplementary motor area hemorrhage. *Neuropsychologia* 35, 1197-1208.

Zola-Morgan, S., Squire, L.R., Amaral, D.G. (1989): Lesions of the amygdala that spare adjacent cortical regions do not impair memory or exacerbate the impairment following lesions of the hippocampal formation. *J. Neurosc.* 9, 1922-1936.

Sachregister

Personenregister

Hilarion G. Petzold / Johanna Sieper (Hgg.)

Der Wille, die Neurobiologie und die Psychotherapie

Bd. 1: Zwischen Freiheit und Determination

2007, 331 Seiten, Abb., kart. EUR *29,80 / SFr 45,-*
ISBN 978-3-89528-642-1

Mit Beiträgen von Lüder Deecke (Wien), Hermann Haken (Stuttgart), Hans H. Kornhuber (Ulm), Benjamin Libet (San Francisco), Hilarion G. Petzold (Düsseldorf), Johanna Sieper (Düsseldorf), Wolf Singer (Frankfurt) und Franz-M. Wuketis (Wien).

Hilarion G. Petzold / Johanna Sieper (Hgg.)

Der Wille, die Neurobiologie und die Psychotherapie

Bd. 2: Psychotherapie des Willens. Theorie, Methoden und Praxis

2007, 419 Seiten, Abb., kart. EUR *29,80 / SFr 45,-*
ISBN 978-3-89528-643-8

Mit Beiträgen von Gerald Hüther (Göttingen), Ilse Orth (Hückeswagen), Hilarion G. Petzold (Düsseldorf), Jann Schlimme (Hannover), Johanna Sieper (Düsseldorf), Dirk Wedekind (Göttingen) und Manfred Velt (Papenburg).

Dem Phänomen des Willens wird heute – endlich – immense Beachtung geschenkt. Nicht nur in der Psychologie und den Neurowissenschaften wird das Thema zur Zeit lebhaft diskutiert: Auch die Philosophie zeigt ein neues Interesse an diesem alten Problem – nachdem der Wille mehr als ein halbes Jahrhundert in der öffentlichen Diskussion keine Beachtung mehr gefunden hatte. Dies stimmt nachdenklich, ist der Wille doch eine der Eigenschaften, die den Menschen zum Menschen machen. In der Psychotherapie wurde die Signifikanz des Phänomens „Wille" lange Zeit unterschätzt. Für Freud und die Anhänger der Psychoanalyse, aber auch für den Behaviorismus und die Verhaltenstherapie, war der Patientenwille in der Tat nie ein relevantes Thema. Das verändert sich erst jetzt durch neue Beiträge aus der Forschung und durch die Entwicklung neuer Theorien: Die Freiheitsfrage wird neu gestellt, das Thema der Störung von Willensfunktionen wird aufgegriffen, kontroverse Diskussionen werden geführt – wie nie zuvor.

Das vorliegende Werk widmet sich ganz dem Thema „Wille" und lässt bedeutende Vertreter der Neurowissenschaften, Psychiater und Psychotherapeuten zu Wort kommen. Auch der Bezug zur Praxis fehlt nicht; es werden brauchbare Brücken geschlagen von der Theorie zur Behandlung von Menschen mit Willensproblemen – bei Depressionen, Suchterkrankungen, Zwangsstörungen, Entscheidungskonflikten usw. sind Störungen dieser Art durchaus keine Seltenheit. Unser Buch soll einen Beitrag zur Diskussion über die „Willensfreiheit" und zum Thema „Wille" im Allgemeinen leisten, aber auch eine Art Wegweiser zur Einbeziehung der Willensthematik in die therapeutische Praxis werden.

„Die seit langem überfällige Auseinandersetzung der Psychotherapie mit dem Willensthema und mit der neurowissenschaftlichen Diskussion zu diesen Fragen wird in diesem Buch in umfassender Weise in Angriff genommen."

(*Prof. Dr. med. Anton Leitner*, Donau-Universität Krems)

Weitere Titel aus der EDITION SIRIUS:

Johanna Sieper / Ilse Orth / Waldemar Schuch (Hgg.)
Neue Wege Integrativer Therapie
Klinische Wissenschaft, Humantherapie, Kulturarbeit – Polyloge
25 Jahre EAG – Festschrift Hilarion G. Petzold
2007, 787 Seiten, zahlr. Abb., geb. EUR 48,- / SFr 70,-
ISBN 978-3-89528-596-7
Mit Beiträgen von Gernot Böhme, Silke Brigitta Gahleitner, Günther Holzapfel, Gerald Hüther, Theodor Itten, Markus Jüster, Mathias Jung, Gabriele Lachner, Bernhard Neuenschwander, Elena Ossala, Ilse Orth, Mechthild Papousek, Hilarion G. Petzold, Paul Ricoeur, Alfons Schnitzler, Irmtraud Schnitzler, Waldemar Schuch, Rolf Schwendter, Johanna Sieper.

Hilarion G. Petzold / Ilse Orth (Hgg.)
Die neuen Kreativitätstherapien
Handbuch der Kunsttherapie. Theorie und Praxis
2007, 2 Bände, kart. zus. 1244 Seiten, EUR 98,- / SFr 152,-
ISBN 978-3-89528-575-2

Hermann Schmitz
Der Leib, der Raum und die Gefühle
2007, 95 Seiten, kart. EUR 14,50 / SFr 24,-
ISBN 978-3-89528-610-0
[um eine Vorrede vermehrte und aktualisierte Neuauflage des Textes von 1998]

Hermann Schmitz
Leib und Gefühl
2008, 413 Seiten, kart. EUR 39,80 / SFr 60,-
ISBN 978-3-89528-685-8
[3., erweiterte und um ein neues Vorwort vermehrte Auflage]

Anette Suzanne Fintz
Die Kunst der Beratung
Jaspers' Philosophie in Sinn-orientierter Beratung
2006, 248 Seiten, Abb., kart. EUR 24,80 / SFr 38,-
ISBN 10: 3-89528-590-0, ISBN 13: 978-3-89528-590-5

Katharina Sommer
Maskenspiel in Therapie und Pädagogik
Grundlegende Methoden der Theatertherapie
Fotos von Anne Hoffmann
2. Auflage
2009, 176 Seiten, 77 Abb., kart. EUR 19,80 / SFr 29,80
ISBN 978-3-89528-721-3

Hilarion G. Petzold / Ilse Orth (Hgg.)
Poesie und Therapie
Über die Heilkraft der Sprache
Poesietherapie, Bibliotherapie, Literarische Werkstätten
Reihe Kunsttherapie Band 1
2009, ISBN 3-89528-528-5,
432 Seiten, kart. EUR 29,80 / SFr 44,80
[unveränderter Reprint der 2. Auflage von 1995]

Hilarion G. Petzold / Ilse Orth (Hgg.)
Sinn, Sinnerfahrung, Lebenssinn in Psychologie und Psychotherapie
2005, ISBN 3-89528-501-3,
2 Bde., zus. 793 Seiten, kart. EUR 68,- / SFr 98,-

„[…] Wer sich professionell mit Fragen einer sinnvollen und ethisch anspruchsvollen Lebens- und Arbeitsgestaltung beschäftigt und dabei die Aufgabe von Beratung zu bestimmen sucht, kommt an einer Lektüre [dieses Werks] nicht vorbei." *(Ferdinand Bauer in „Organisationsberatung – Supervision – Coaching", Heft 4/06)*

Gisela Dischner

Wörterbuch des Müßiggängers

2009, 316 Seiten, kart. EUR 24,80 / SFr 38,-
ISBN 978-3-89528-727-5

„Dieses Buch sollten Sie mit auf Ihre Insel nehmen: das „Wörterbuch des Müßiggängers". Die Literaturwissenschaftlerin Gisela Dischner weiß, wovon sie schreibt. In ihrer Vita heißt es: „Gisela Dischner verbringt heute einen Teil des Jahres auf Mallorca, den anderen in Hannover." Damit hat sie mußetechnisch gesehen den Bogen raus. Jahrelang war in Gisela Dischners Vita der bedrückende Satz zu lesen gewesen: „Sie lebt und arbeitet in Hannover." Heute wechselt sie behende zwischen den Klimazonen und macht damit beides erträglich: Hannover und Mallorca. Die geistesgeschichtlich klug angereicherten Stichworte in diesem Wörterbuch wollen all denen Mut machen, die das Gefühl haben: Es geht nicht mit Hannover, aber auch nicht ohne. Der Müßiggänger erzwingt nichts. Er lässt die Dinge auf sich zukommen, sprungbereit wartet er auf den rechten Augenblick, den „kairos". Unter diesem Schlüsselstichwort lesen wir: „Zu einer Moral der Muße gehört die Sensibilität und Empfangsbereitschaft für den kairos, den zeitaufhebenden Augenblick der Gegenwart. Der rechte Augenblick kann einer des Umschlags sein in eine neue Weise der Wahrnehmung und der daraus resultierenden Entscheidungs- und Handlungsfähigkeit. Aristoteles sieht im kairos die Gunst der Stunde, den geeigneten Augenblick zum Handeln. Der kairos lässt sich niemals willentlich fangen. Er entzieht sich jedem Zugriff, er nähert sich dem aufmerksam Hingebungsvollen." Statt irgendwie durch den Tag zu huddeln, sieht sich der Müßiggänger in eine Traum-Landschaft gestellt, die er als Rollenspieler bewohnt. Zum Stichwort Rollenspiel heißt es: „Der Müßiggänger tarnt seinen Rückzug in die eigene Gedankenwelt durch ein soziales Rollenspiel des scheinbaren Eingehens auf den small-talk, der ihn umgibt. Er nickt lächelt, sagt vorwiegend Zustimmendes und ist höflich." Keine Frage: Das ist eines der raren Bücher, mit denen Sie überall gut durchkommen."

Christian Geyer in der „FAZ" vom 22. Juli 2009